四川省工程建设地方标准

四川省屋面工程施工工艺规程

Technical specification of construction for roof engineering
in Sichuan province

DB51/T5036－2017

主编部门： 四 川 省 住 房 和 城 乡 建 设 厅
批准部门： 四 川 省 住 房 和 城 乡 建 设 厅
施行日期： 2 0 1 7 年 1 2 月 1 日

西南交通大学出版社

2017　成　都

图书在版编目（CIP）数据

四川省屋面工程施工工艺规程/四川建筑职业技术
学院，中国华西企业股份有限公司主编. —成都：西南
交通大学出版社，2018.1
四川省工程建设地方标准
ISBN 978-7-5643-5954-6

Ⅰ. ①四… Ⅱ. ①四… ②中… Ⅲ. ①屋面工程－工
程施工－技术规范－四川 Ⅳ. ①TU765-65
中国版本图书馆 CIP 数据核字（2017）第 308308 号

四川省工程建设地方标准

四川省屋面工程施工工艺规程

主编单位	四川建筑职业技术学院 中国华西企业股份有限公司

责 任 编 辑	姜锡伟
助 理 编 辑	王同晓
封 面 设 计	原谋书装
出 版 发 行	西南交通大学出版社 （四川省成都市二环路北一段 111 号 西南交通大学创新大厦 21 楼）
发 行 部 电 话	028-87600564　028-87600533
邮 政 编 码	610031
网　　　址	http://www.xnjdcbs.com
印　　　刷	成都蜀通印务有限责任公司
成 品 尺 寸	140 mm×203 mm
印　　　张	5.375
字　　　数	139 千
版　　　次	2018 年 1 月第 1 版
印　　　次	2018 年 1 月第 1 次
书　　　号	ISBN 978-7-5643-5954-6
定　　　价	38.00 元

各地新华书店、建筑书店经销
图书如有印装质量问题　本社负责退换
版权所有　盗版必究　举报电话：028-87600562

关于发布工程建设地方标准
《四川省屋面工程施工工艺规程》的通知

川建标发〔2017〕666号

各市州及扩权试点县住房城乡建设行政主管部门，各有关单位：

由四川建筑职业技术学院和中国华西企业股份有限公司主编的《四川省屋面工程施工工艺规程》已经我厅组织专家审查通过，现批准为四川省推荐性工程建设地方标准，编号为：DB51/T5036－2017，自2017年12月1日起在全省实施，原《屋面工程施工工艺规程》DB51/T5036－2007于本规程实施之日起作废。

该标准由四川省住房和城乡建设厅负责管理，四川建筑职业技术学院负责技术内容解释。

四川省住房和城乡建设厅

2017年9月18日

前　言

本规程是根据四川省住房和城乡建设厅《关于下达四川省工程建设地方标准〈四川省屋面工程施工工艺规程〉修订计划的通知》（川建标发〔2015〕680号）文件要求，由四川建筑职业技术学院、中国华西企业股份有限公司会同有关单位共同修订完成的。

在本规程修订过程中，修订组进行了较为广泛的调查研究，总结了四川省屋面工程施工的经验，参考了省内外相关资料，经多次征求意见后修订成稿。

本规程共分13章和2个附录。主要技术内容是：总则；术语；基本规定；基层与保护工程；保温与隔热工程；卷材防水层工程；涂膜防水层工程；复合防水层工程；接缝密封防水工程；瓦面与板面工程；细部构造工程；屋面工程季节性施工；屋面工程安全与绿色施工等。

本规程修订的主要技术内容是：1. 按照屋面工程各部位的使用功能进行了目次修订；2. 增加了纤维材料保温层、现浇泡沫混凝土保温层等材料；3. 增加了蓄水隔热层、玻璃采光顶铺装等施工工艺；4. 取消了刚性防水屋面施工工艺；5. 明确了在瓦面及板面下设置防水层或防水垫层；6. 根据现行国家标准《建筑工程施工质量验收统一标准》GB 50300、《屋面工程技术规范》GB 50345 和《屋面工程质量验收规范》GB 50207，并结合我省实际情况对相关内容进行了修订。

本规程由四川省住房和城乡建设厅负责管理，由四川建筑职业技术学院负责具体内容解释。在实施过程中，望相关单位注意积累资料和经验，若有意见或建议，请函告四川建筑职业技术学院(地址:四川省德阳市嘉陵江西路4号;邮编:618000;电话:0838-2653027;邮箱:758407787@qq.com)。

主编单位：四川建筑职业技术学院
　　　　　中国华西企业股份有限公司
参编单位：四川省第七建筑工程公司
主要起草人：刘鉴秾　李　辉　陈跃熙　黄　敏
　　　　　　张　蔺　王　莉　谢　静　唐忠茂
　　　　　　万　健　李雪梅
主要审查人：黄光洪　廖志华　秦建国　刘建国
　　　　　　夏　葵　徐存光　颜有光

目　次

Contents

1 总 则

1.0.1 为加强我省建筑工程施工质量管理,提高屋面工程施工技术水平,确保屋面工程施工质量和施工安全,制定本规程。

1.0.2 本规程适用于四川省内建筑工程的屋面工程施工及质量控制。

1.0.3 本规程主要依据现行国家标准《建筑工程施工质量验收统一标准》GB 50300、《屋面工程技术规范》GB 50345 和《屋面工程质量验收规范》GB 50207 的原则和要求并结合四川省的实际情况编制。

1.0.4 屋面工程的施工及质量控制,除应执行本规程外,尚应符合国家和四川省现行有关标准的规定。

2 术　语

2.0.1 相容性　compatibility

相邻两种材料之间互不产生有害的物理和化学作用的性能。

2.0.2 附加层　additional layer

在易渗漏及易破损部位设置的卷材或涂膜加强层。

2.0.3 防水垫层　waterproof leveling layer

设置在瓦材或金属板材下面，起防水、防潮作用的构造层。

2.0.4 持钉层　nail-supporting layer

能握裹固定钉的瓦屋面构造层。

2.0.5 满粘法　full adhibiting method

铺贴防水卷材时，卷材完全粘贴在基层上的施工方法。

2.0.6 空铺法　border adhibiting method

铺贴防水卷材时，卷材与基层在周边一定宽度内粘结，其余部分不粘结的施工方法。

2.0.7 点粘法　spot adhibiting method

铺贴防水卷材时，卷材与基层采用点状粘结的施工方法。

2.0.8 条粘法　strip adhibiting method

铺贴防水卷材时，卷材与基层采用条状粘结的施工方法。

2.0.9 热粘法　hot adhibiting method

以热熔胶粘剂将卷材与基层或卷材粘结的施工方法。

2.0.10 冷粘法　cold adhibiting method

常温下采用胶粘剂（带）将卷材与基层或卷材粘结的施工方法。

2.0.11 热熔法 heat fusion method

将热熔型防水卷材底层加热熔化后，进行卷材与基层或卷材之间粘结的施工方法。

2.0.12 自粘法 self-adhibiting method

采用带有自粘胶的防水卷材进行粘结的施工方法。

2.0.13 焊接法 welding method

采用热风或热楔焊接进行热塑性卷材粘合搭接的施工方法。

2.0.14 机械固定法 mechanical fixing method

采用专用固定件，如金属垫片、螺钉、金属压条等，将防水卷材以及其他屋面层次的材料固定在屋面基层或结构层上，包括点式固定和条式固定两种方式。

2.0.15 背衬材料 back-up material

用于控制密封材料的填嵌深度，防止密封材料和接缝底部粘结而设置的可变形材料。

3 基本规定

3.0.1 屋面工程应根据建筑物的类别、重要程度、使用功能要求确定防水等级，并应按相应的等级进行防水设防；对防水有特殊要求的建筑屋面，应进行专项设计。屋面防水等级和设防要求应符合表3.0.1的规定。

表 3.0.1　屋面防水等级和设防要求

防水等级	建筑类别	设防要求
Ⅰ级	重要建筑和高层建筑	两道防水设防
Ⅱ级	一般建筑	一道防水设防

3.0.2 屋面防水工程应由具有相应资质的专业队伍进行施工，作业人员应持有省级建设行政主管部门颁发的上岗证。

3.0.3 屋面工程所采用的防水、保温材料的品种、规格、性能等应符合现行国家产品标准和设计要求，并应有产品合格证和性能检测报告。产品质量应由经过省级以上建设行政主管部门对其资质认可和质量技术监督部门对其计量认证的质量检测单位进行检测并合格。

3.0.4 屋面工程所用材料的燃烧性能及耐火极限，应符合现行国家标准《建筑设计防火规范》GB 50016 中的有关规定。

3.0.5 屋面工程各构造层的组成材料，应分别与相邻层次的材料相容。

3.0.6 屋面工程施工前应熟悉相关文件，掌握施工图中的各项技术要求及细部构造的做法。屋面工程施工前，还应先完成对土建部分的中间验收工作。

3.0.7 屋面工程的新技术、新材料、新产品、新工艺，必须经省级以上技术鉴定，经工程实践符合有关安全及使用功能的检验要求后，方可在屋面工程中应用。首次使用时，应进行工艺评定。

3.0.8 施工单位应根据设计要求、工程特点、地区自然条件等，编制屋面工程的专项施工方案，重要部位应有节点详图。施工单位应对作业人员进行现场安全、技术交底。

3.0.9 屋面工程所采用的材料进场后，应进行质量证明文件核查、外观抽样检验、物理性能抽样复验等工作，合格后报监理工程师或建设单位代表审核同意方可使用。

3.0.10 基层含水率应满足防水材料的施工要求，其测定方式可采用检测仪或各种简易测定方法来测定。

3.0.11 屋面工程施工中，应进行过程控制，每道工序完成后，应自检合格并经监理工程师检查验收合格后方可进行下道工序的施工。当下道工序或相邻工程施工时，对屋面或相邻已完成部分应采取保护措施，避免污染或损坏。

3.0.12 伸出屋面的管道、设备和预埋件等，应在防水层施工前预留或安设完毕。屋面防水层完工后，不得在其上凿孔、打洞或用重物冲击。如需在其上凿孔、打洞或用重物冲击，应采取可靠措施保护防水层。

3.0.13 屋面工程完工后，应进行观感质量验收和雨后观察或淋水、蓄水试验，不得有渗漏和积水现象。观感质量应对细部构造、接缝、保护层、排水坡度等进行外观检查；雨后观察时，降雨量不宜小于中雨，降雨持续时间不宜小于 2 h；坡屋面可进行淋水试验，持续淋水时间不应小于 2 h；平屋面可进行蓄水试验，蓄水时间不应小于 24 h，蓄水深度不应小于 2 cm。

3.0.14 屋面工程中各子分部工程和分项工程的划分，应符合表 3.0.14 的规定。

表 3.0.14 屋面工程各子分部工程和分项工程的划分

分部工程	子分部工程	分 项 工 程
屋面工程	基层与保护	找坡层，找平层，隔汽层，隔离层，保护层
	保温与隔热	板状材料保温层，纤维材料保温层，喷涂硬泡聚氨酯保温层，现浇泡沫混凝土保温层，种植隔热层，架空隔热层，蓄水隔热层
	防水与密封	卷材防水层，涂膜防水层，复合防水层，接缝密封防水
	瓦面与板面	烧结瓦和混凝土瓦铺装，沥青瓦铺装，金属板铺装，玻璃采光顶铺装
	细部	檐口，檐沟和天沟，女儿墙和山墙，水落口，变形缝，伸出屋面管道，屋面出入口，反梁过水孔，设施基座，屋脊，屋顶窗

3.0.15 屋面工程各分项工程宜按照屋面面积每 500 m^2 ～1 000 m^2 划分为一个检验批，不足 500 m^2 应划为一个检验批。

3.0.16 下列情况不得作为屋面的一道防水设防：

1 混凝土结构层；

2 Ⅰ型喷涂硬泡聚氨酯保温层；

3 装饰瓦以及不搭接瓦；

4 隔汽层；

5 细石混凝土层；

6 卷材或涂膜厚度不符合规范规定的防水层。

3.0.17 当无设计要求或设计要求不明确时，高低跨屋面施工应符合下列规定：

1 高低跨变形缝处的防水处理，应采用有足够变形能力的材料和构造措施；

2 高跨屋面为无组织排水时，其低跨屋面受水冲刷的部位应加铺一层卷材附加层，上铺 300 mm ～ 500 mm 宽、厚度不小于 40 mm 的 C20 混凝土板材或其他耐冲刷板加强保护；

3 高跨屋面为有组织排水时，水落管下应加设水簸箕。

3.0.18 屋面工程的技术准备工作应符合下列要求：

1 根据已会审的施工图纸及相关技术标准，编制施工方案并经批准；

2 根据施工方案，确定各工序的质量、安全、技术、环境等要求，并对施工人员进行书面交底；

3 应建立有针对性的各道工序自检、交接检和专业人员检查的"三检"制度；

4 确定工程资料的收集、整理要求，并准备好相应的表格。

3.0.19 屋面工程的作业条件应符合下列要求：

1 基层与含细部构造已完成并进行了检查验收，检查有完整记录，并经监理单位或建设单位验收；

2 可能被本道工序污染或破坏的部位已按施工方案做好保护措施；

3 安全、文明施工措施已按照施工方案落实到位；

4 基层已清洁、干燥，干燥程度的检测方法参考本规程第 3.0.10 条。

3.0.20 屋面工程质量控制资料核查项目应符合本规程附录 A 的规定。

4 基层与保护工程

4.1 一般规定

4.1.1 本章适用于与屋面保温层、防水层相关的找坡层、找平层、隔汽层、隔离层、保护层等分项工程的施工。

4.1.2 屋面找坡应满足设计排水坡度要求，结构找坡不应小于 3%，材料找坡宜为 2%；檐沟、天沟纵向找坡不应小于 1%，沟底水落差不得超过 200 mm。屋面天沟严禁倒坡。

4.1.3 上人屋面或其他使用功能屋面，其保护层的施工除应符合本章的规定外，尚应符合现行国家标准《建筑地面工程施工质量验收规范》GB 50209 等的有关规定。

4.1.4 卷材、涂膜防水层上设置块体材料或水泥砂浆、细石混凝土保护层时，应在二者之间设置隔离层。

4.1.5 材料的贮运、保管应符合下列规定：

    1 塑料膜、土工布、卷材贮运时，应防止日晒、雨淋、重压；保管时，应保证室内干燥、通风，远离火源、热源。

    2 水泥贮运、保管时应采取防尘、防雨、防潮措施。

    3 块体材料应按类别、规格分别堆放。

    4 涂料贮运、保管环境应干燥、通风，并远离火源和热源；涂料贮运、保管环境温度，反应型及水乳型不宜低于 5 ℃，溶剂型不宜低于 0 ℃。

4.1.6 柔性防水层上应设保护层，可采用浅色涂料、铝箔、粒砂、块体材料、水泥砂浆、细石混凝土等材料；水泥砂浆、细石混凝土保护层应设分格缝。架空屋面、倒置式屋面的柔性防水层上可不做保护层。

4.1.7 基层与保护工程各分项工程每个检验批的抽检数量，应按屋面面积每 100 m² 抽查一处，每处应为 10 m²，且不得少于 3 处。

4.2 材料要求

4.2.1 水泥砂浆材料及配合比应符合下列规定：

1 水泥应采用普通硅酸盐水泥，强度等级不低于 32.5 级，过期、受潮结块的水泥均不得使用；

2 砂宜使用洁净的中砂，级配良好，含泥量不应大于 3%，不含有机杂质；

3 水应使用自来水或天然洁净的水；

4 水泥砂浆配合比应符合设计要求。

4.2.2 细石混凝土的强度等级应不低于 C20，且应符合下列规定：

1 水泥、砂、水的材料要求同 4.2.1 水泥砂浆要求；

2 石子宜选用粒径为 5 mm～15 mm 质地坚硬级配良好的碎石或卵石，最大粒径不应大于找平层厚度的 2/3，含泥量不大于 1%；

3 细石混凝土配合比应符合设计要求。

4.2.3 其他材料应符合设计及相应材料标准的要求。

4.3 施工准备

4.3.1 施工前材料应做好下列准备：

1 所用材料必须进场验收，并按要求对材料进行复检，其质量、技术性能必须符合设计要求和施工及验收规范的规定；

2 砂浆及混凝土配合比应符合设计要求，并应做到计量准确和用机械搅拌。

4.3.2 施工前应准备下列工器具：

1 常用工具：包括运料手推车、台秤、筛子、大小水桶、灰桶、铁铲、钢丝刷、扫帚、靠尺、八字靠尺、木线板、水平尺、粉线包、抹子、方抿子、托灰板、胶皮管、搅拌木棍或电动搅拌器（搅拌材料）、胶皮刮板、长柄滚刷等。

2 操作人员护具：包括长袖手套、口罩、软底鞋等。

3 消防器材：包括灭火器、干砂、铁锹、铁锅盖等。

4.3.3 作业条件除应符合本规程第 3.0.19 条第 1 款 ~ 第 3 款的要求外，尚应符合下列规定：

1 采用材料找坡时，应使用设计要求的轻质材料先找坡至找坡层的下口标高，并按照找坡层坡度做出对应的标志块。

2 结构基层表面应平整，如有孔洞、缝隙和板间不平处，应采用 1:2 ~ 1:3 水泥砂浆填实、抹平。保温层基层铺设应平稳，若有松动则应嵌填平整或重新铺设，防止其上层因基层松动而开裂或空鼓。

3 当基层为混凝土时，应浇水冲洗但不得积水；当基层为吸湿性保温材料时，禁止浇水。

4 应符合下列环境气象条件：

1）施工环境温度：找坡层和找平层不宜低于 5 ℃；干铺塑料膜、土工布、卷材隔离层可在负温下施工；铺抹低强度等级砂浆隔离层宜为 5 ℃ ~ 35 ℃；块体材料保护层干铺不宜低于 - 5 ℃，湿铺不宜低于 5 ℃；水泥砂浆及细石混凝土保护层宜为 5 ℃~35 ℃；浅色涂料保护层不宜低于 5 ℃。

2）雨、雪天气不得施工。

3）五级风及其以上时不得施工。

4.4 找坡层和找平层施工

Ⅰ 施工要求

4.4.1 找坡层施工应采用下列工艺流程：

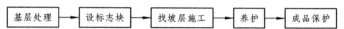

4.4.2 找平层施工应采用下列工艺流程：

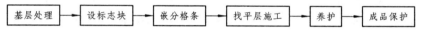

4.4.3 找坡层、找平层的基层处理应符合下列要求：

1 应清理结构层、保温层上面的松散杂物及油污，剔平扫净凸出基层表面的硬物；

2 施工前，宜对基层洒水湿润；

3 凸出屋面的管道、支架等根部，应用细石混凝土堵实和固定；

4 对不宜与找平层结合的基层应做界面处理；

5 屋面拟安放振动设备时，应按设计要求；设计无具体要求时，应采取可靠的防振动措施。

4.4.4 在找坡层、找平层铺设前，应用同配合比的水泥砂浆，拉线做标志块，等标志块收水后（初凝后终凝前）必须进行二次校平，使标志块顶面标高符合坡度和厚度要求。

4.4.5 找坡层、找平层应分层铺设和适当压实，表面宜平整和粗糙。

4.4.6 找坡层、找平层养护可以采取洒水或覆盖养护，养护时间不得少于 7 d。

4.4.7 找坡应按屋面排水方向和设计坡度要求进行，找坡层最薄处厚度不宜小于 20 mm。

4.4.8 找平层分格缝纵横间距不宜大于 6 m，分格缝的宽度宜为 5 mm～20 mm。留设分格缝时，先在分格缝位置处放置分格条，分格条安放要平直连续，上口标高与找平层标志块一致，并用水泥砂浆固定。木分格条断面应做成上宽下窄的倒梯形，安放前应用水浸湿，以便找平层砂浆终凝前能顺利取出。当分格缝兼作排汽道时，则应在排汽孔位置处先将排汽立管根部固定后再放置分格条。

4.4.9 找平层在抹水泥砂浆或浇筑细石混凝土时，其施工顺序有高低层的要先高后低，在同一平面的要先远后近，逐渐退向通道入口。

4.4.10 找平层留设分格缝的，可以分格缝为施工缝，逐块装填砂浆或混凝土，以分格条和标志块为准检查平整度，初凝时抹压密实。

4.4.11 找平层应在水泥初凝前压实抹平，水泥终凝前完成收水后应二次压光，并应及时取出分格条。

4.4.12 防水层的基层与突出屋面结构的交接处、基层的转角处，找平层均应做成圆弧形，且应整齐平顺。找平层圆弧半径应符合表 4.4.12 的规定。

表 4.4.12　找平层圆弧半径

卷材种类	圆弧半径/mm
高聚物改性沥青防水卷材	不应小于 50
合成高分子防水卷材	不应小于 20

4.4.13 找坡层和找平层的成品保护应符合下列要求：

1 抹好的找平层上推小车运输时，应先铺脚手板车道，防止破坏找平层；

2 雨水口、内排水口等部位应采取临时措施保护好，防止堵塞和杂物进入。

Ⅱ 质量标准——主控项目

4.4.14 找坡层和找平层所用材料的质量及配合比，应符合设计要求。

检验方法：检查出厂合格证、质量检验报告和计量措施。

4.4.15 找坡层和找平层的排水坡度，应符合设计要求。

检验方法：坡度尺检查。

Ⅲ 质量标准——一般项目

4.4.16 找平层应抹平、压光，不得有疏松、起砂、起皮现象。

检验方法：观察检查。

4.4.17 卷材防水层的基层与突出屋面结构的交接处，以及基层的转角处，找平层应做成圆弧形，且应整齐平顺。

检验方法：观察检查。

4.4.18 找平层分格缝的宽度和间距，均应符合设计要求。

检验方法：观察和尺量检查。

4.4.19 找坡层表面平整度的允许偏差为 7 mm，找平层表面平整度的允许偏差为 5 mm。

检验方法：2 m 靠尺和塞尺检查。

4.5 隔汽层施工

Ⅰ 施工要求

4.5.1 隔汽层施工应采用下列工艺流程：

4.5.2 隔汽层的基层应平整、干净、干燥，并涂刷基层处理剂。

4.5.3 在屋面与墙的连接处，隔汽层应沿墙面向上连续铺设，高出保温层上表面不得小于 150 mm。

4.5.4 隔汽层采用卷材时宜空铺，卷材搭接缝应满粘，其搭接宽度不应小于 80 mm；隔汽层采用涂料时，应涂刷均匀，涂层不得有堆积、起泡和露底等现象。

4.5.5 穿过隔汽层的管线周围应封严，转角处应无折损；隔汽层凡有缺陷或破损的部位，均应进行返修。

4.5.6 隔汽层的成品保护应符合下列要求：

1 操作人员不得穿带铁钉鞋进行施工，隔汽层施工完成后，应及时工完场清，不得在隔汽层上遗留尖锐物体；

2 在隔汽层干燥期间不得上人行走踩踏，以免破坏成品；

3 隔汽层施工完毕后，在下道工序施工前不得在其上堆放材料、作为施工运输通道以及进行电焊等工作。

Ⅱ 质量标准——主控项目

4.5.7 隔汽层所用材料的质量，应符合设计要求。

检验方法：检查出厂合格证、质量检验报告和进场检验报告。

4.5.8 隔汽层不得有破损现象。

检验方法：观察检查。

Ⅲ 质量标准——一般项目

4.5.9 卷材隔汽层应铺设平整，卷材搭接缝应粘结牢固，密封应严密，不得有扭曲、皱褶和起泡等缺陷。

检验方法：观察检查。

4.5.10 涂膜隔汽层应粘贴牢固，表面平整，涂布均匀，不得有堆积、起泡和露底等缺陷。

检验方法：观察检查。

4.6 隔离层施工

Ⅰ 施工要求

4.6.1 隔离层施工应采用下列工艺流程：

4.6.2 隔离层可采用干铺塑料膜、土工布、卷材或铺抹低强度等级砂浆。

4.6.3 隔离层材料的适用范围和技术要求宜符合表 4.6.3 的规定。

表 4.6.3 隔离层材料的适用范围和技术要求

隔离层材料	适用范围	技术要求
塑料膜	块体材料、水泥砂浆保护层	0.4 mm 厚聚乙烯膜或 3 mm 厚发泡聚乙烯膜
土工布	块体材料、水泥砂浆保护层	200 g/m² 聚酯无纺布

隔离层材料	适用范围	技术要求
卷材	块体材料、水泥砂浆保护层	卷材一层
低强度等级砂浆	细石混凝土保护层	10 mm 厚粘土砂浆，石灰膏∶砂∶粘土=1∶2.4∶3.6
		10 mm 厚石灰砂浆，石灰膏∶砂=1∶4
		5 mm 厚掺有纤维的石灰砂浆

4.6.4 隔离层铺设不得有破损及漏铺现象。

4.6.5 干铺塑料膜、土工布、卷材时，其搭接宽度不应小于 50 mm，铺设应平整，不得有皱褶。

4.6.6 低强度等级砂浆铺设时，其表面应平整、压实，不得有起壳和起砂等现象。

4.6.7 隔离层的成品保护应符合下列要求：

    1 隔离层施工完成后，应及时工完场清，不得在隔离层上遗留尖锐物体；

    2 隔离层施工完毕后，在下道工序施工前不得在其上堆放材料、作为施工运输通道以及进行电焊等工作；

    3 隔离层施工完成后进行拦挡。

Ⅱ 质量标准——主控项目

4.6.8 隔离层所用材料的质量及配合比，应符合设计要求。

    检验方法：检查出厂合格证和计量措施。

4.6.9 隔离层不得有破损和漏铺现象。

检验方法：观察检查。

Ⅲ 质量标准——一般项目

4.6.10 塑料膜、土工布、卷材应铺设平整，其搭接宽度不应小于 50 mm，不得有皱褶。

检验方法：观察和尺量检查。

4.6.11 低强度等级砂浆表面应压实、平整，不得有起壳、起砂现象。

检验方法：观察检查。

4.7 保护层施工

Ⅰ 施工要求

4.7.1 保护层施工应采用下列工艺流程：

4.7.2 保护层施工前应先做好防水层养护，一般卷材防水层应养护 2 d 以上、涂膜防水层应养护 7 d 以上。

4.7.3 基层处理应清除防水层表面的浮灰。

4.7.4 浅色涂料作为保护层适用于不上人屋面，施工应符合下列规定：

　　1 涂料应与防水层粘结牢固，厚薄均匀，不得漏涂；

　　2 按照确定的施工顺序涂刷（或喷涂）保护层涂料，设计为二道成活时，第二遍应在第一遍涂料干燥成膜后再涂刷，同时两遍涂刷方向应相互垂直；

　　3 在阳光下作业时，施工人员应戴墨镜，避免强烈的反射光线损伤眼睛。

4.7.5 矿物粒料作为保护层适用于不上人屋面，施工应符合下列要求：

1 矿物粒料应清洗干净、干燥并筛去粉料；

2 在涂刷最后一道防水层涂料时，边涂刷边撒布矿物粒料，撒布要均匀、不露底，同时用软质胶辊在撒布料上反复轻轻滚压，促使撒布料牢固地粘结在涂层上；

3 涂料干燥后扫除、收集未粘结牢的保护材料，经筛除细料后再予以利用。

4.7.6 水泥砂浆作为保护层适用于不上人屋面，施工应符合下列规定：

1 应设分格缝，表面分格缝面积宜控制在 1 m² 以内，表面应抹平压光，分格缝宽度宜为 10 mm ~ 20 mm 并应用密封材料嵌填；

2 施工立面保护层时，可在防水层上刷水泥浆或粘结砂粒、小豆石等，以增强保护层与防水层之间的粘结。

4.7.7 块体材料作为保护层适用于上人屋面，施工应符合下列规定：

1 宜设置分格缝，其纵横间距不应大于 10 m，其宽度宜为 20 mm 并应用密封材料嵌填；

2 用砂作结合层时，在保护层周边 500 mm 范围内，应改用低强度等级的水泥砂浆做结合层，以防止结合层砂流失；

3 用水泥砂浆做结合层时，铺砌要在水泥砂浆初凝前完成，较大块体可铺灰摆放、小板块可打灰铺砌。

4.7.8 细石混凝土作为保护层材料适用于上人屋面，施工应符合下列规定：

1 应设分格缝，其纵横间距不应大于 6 m，其宽度宜为

10 mm ~ 20 mm 并应用密封材料嵌填；

    2 一个分格内的细石混凝土宜一次浇筑完成，宜采取滚压或人工拍实、刮平，用木抹子二次提浆收平，不宜采取机械振捣方式；

    3 细石混凝土初凝后应及时取出分格缝条，修整好缝边，终凝前用铁抹子压光；

    4 保护层内如配筋，钢筋网片应设置在保护层中间偏上部位，并预先用砂浆垫块支垫以保证位置，钢筋在分格缝处宜断开。

4.7.9 保护层完成后适时开始养护，养护时间不应少于 7 d，完成养护后应干燥和清理分格缝并用密封材料嵌填封闭。

4.7.10 需经常维护设施周围和屋面出入口至设施之间的人行道，应铺设块体材料或细石混凝土保护层。

4.7.11 保护层的成品保护应符合下列要求：

    1 保护层未达到预定强度时，不得在其上作业及行走；

    2 在保护层上进行其他作业时，应对其进行覆盖保护。

Ⅱ 质量标准——主控项目

4.7.12 保护层所用材料的质量及配合比，应符合设计要求。

    检验方法：检查出厂合格证、质量检验报告和计量措施。

4.7.13 块体材料、水泥砂浆或细石混凝土保护层的强度等级，应符合设计要求。

    检验方法：检查块体材料、水泥砂浆或混凝土抗压强度试验报告。

4.7.14 保护层的排水坡度，应符合设计要求。

检验方法：坡度尺检查。

Ⅲ 质量标准——一般项目

4.7.15 块体材料保护层表面应干净，接缝应平整，周边应顺直，镶嵌应正确，应无空鼓现象。

检查方法：小锤轻击和观察检查。

4.7.16 水泥砂浆、细石混凝土保护层不得有裂纹、脱皮、麻面和起砂等现象。

检验方法：观察检查。

4.7.17 浅色涂料应与防水层粘结牢固，厚薄均匀，不得漏涂。

检验方法：观察检查。

4.7.18 保护层的允许偏差和检验方法应符合表 4.7.18 的规定。

表 4.7.18 保护层的允许偏差和检验方法

项目	允许偏差/mm			检验方法
	块体材料	水泥砂浆	细石混凝土	
表面平整度	4.0	4.0	5.0	2 m 靠尺和塞尺检查
缝格平直	3.0	3.0	3.0	拉线和尺量检查
接缝高低差	1.5	—	—	直尺和塞尺检查
板块间隙宽度	2.0	—	—	尺量检查
保护层厚度	设计厚度的 10%，且不得大于 5			钢针插入和尺量检查

5 保温与隔热工程

5.1 一般规定

5.1.1 本章适用于板状材料、纤维材料、喷涂硬泡聚氨酯、现浇泡沫混凝土保温层和种植、架空、蓄水隔热层分项工程的施工。保温层及其保温材料的分类符合表5.5.1的规定。

表 5.1.1 保温层及其保温材料

保温层	保温材料
板状材料保温层	聚苯乙烯泡沫塑料、硬质聚氨酯泡沫塑料、膨胀珍珠岩制品、泡沫玻璃制品、加气混凝土砌块、泡沫混凝土砌块
纤维材料保温层	玻璃棉制品、岩棉、矿渣棉制品
整体材料保温层	喷涂硬泡聚氨酯、现浇泡沫混凝土

5.1.2 保温层的构造应符合下列要求：

    1 保温层设置在防水层上部时，保温层的上面应做保护层；

    2 保温层设置在防水层下部时，保温层的上面应做找平层；

    3 屋面坡度较大时，保温层应采取防滑措施；

    4 纤维材料做保温层时，应采取防止压缩的措施；

    5 吸湿性保温材料不宜用作封闭式保温层。

5.1.3 架空屋面宜在通风较好的建筑物上采用，不宜在寒冷地区采用。架空屋面的坡度不宜大于 5%，当屋面宽度大于 10 m 时，架空屋面应设通风屋脊。架空隔热层的进风口，宜设置在当地炎热季节最大频率风向的正压区，出风口宜设置在负压区。架空隔热制品支座底面的卷材、涂膜防水层，应采取加强措施，操作时不得损坏已完工的防水层。

5.1.4 种植屋面应根据地域、气候、建筑环境、建筑功能等条件，选择相适应的屋面构造形式。种植屋面所用材料及植物等应符合环境保护要求。屋面坡度宜为 1%～3%，坡度较大时，其排水层、种植介质应采取防滑措施，如作梯田构造。种植屋面四周应设挡墙，挡墙下部应留泄水孔，间距应符合设计规定。种植屋面应配置相应灌溉、清洗的给排水及物料清运设施。

5.1.5 增设种植屋面时应按设计要求，无具体要求时，应采取可靠的防渗漏措施，并不得超荷载建造、使用。

5.1.6 保温材料的储运、保管应符合下列要求：

1 保温材料应采取防雨、防潮、防火的措施，并应分类存放；

2 板状保温材料搬运时应轻拿轻放；

3 纤维保温材料应在干燥、通风的房屋内储存，搬运时应轻拿轻放。

5.1.7 保温与隔热工程各分项工程每个检验批的抽检数量，应按屋面面积每 100 m² 抽查 1 处，每处应为 10 m²，且不得少于 3 处。

5.2 材料要求

5.2.1 材料的外观质量应符合下列要求：

1 模塑聚苯乙烯泡沫塑料应色泽均匀，阻燃型应掺有颜色的颗粒；表面平整，无明显的收缩变形和膨胀变形；熔结良好，无明显油渍和杂质。

2 挤塑聚苯乙烯泡沫塑料应表面平整，无夹杂物，颜色均匀；无明显起泡、裂口、变形。

3 硬质聚氨酯泡沫塑料应表面平整，无严重凹凸不平。

4 泡沫玻璃绝热制品的垂直度、最大弯曲度、缺棱、缺角、孔洞、裂纹等应符合现行行业标准《泡沫玻璃绝热制品》JC/T 647 的要求。

5 膨胀珍珠岩制品（憎水型）的弯曲度、缺棱、掉角、裂纹等应符合现行行业标准《膨胀珍珠岩绝热制品》GB/T 10303 的要求。

6 加气混凝土砌块的缺棱掉角、裂纹、爆裂、粘膜和损坏深度、表面疏松、层裂、表面油污等应符合现行国家标准《蒸压加气混凝土砌块》GB 11968 的要求。

7 泡沫混凝土砌块的缺棱掉角、平面弯曲、裂纹、爆裂、粘膜和损坏深度、表面疏松、层裂、表面油污等应符合现行行业标准《泡沫混凝土砌块》JC/T 1062 的要求。

8 玻璃棉、岩棉、矿渣棉制品：表面平整、伤痕、污迹、破损、覆层和基层粘贴等应符合现行国家标准《建筑绝热用玻璃棉制品》GB/T 17795、《建筑用岩棉、矿渣棉绝热制品》GB/T 19686 的要求。

9 金属面绝热夹芯板应表面平整，无明显凹凸、翘曲、变形；切口平直，切面整齐，无毛刺；芯板切面整齐，无剥落。

5.2.2 材料的物理性能应符合下列要求：

1 板状保温材料的主要性能指标应符合表 5.2.2-1 的要求；

表 5.2.2-1 板状保温材料主要性能指标

项 目	指 标						
	聚苯乙烯泡沫塑料		硬质聚氨酯泡沫塑料	泡沫玻璃	憎水型膨胀珍珠岩	加气混凝土	泡沫混凝土
	挤塑	模塑					
表观密度或干密度/（kg/m³）	—	≥20	≥30	≤200	≤350	≤425	≤530
压缩强度/kPa	≥150	≥100	≥120	—	—	—	—
抗压强度/MPa	—	—	—	≥0.4	≥0.3	≥1.0	≥0.5
导热系数/[W/(m·K)]	≤0.030	≤0.041	≤0.024	≤0.070	≤0.087	≤0.120	≤0.120
尺寸稳定性（70℃，48h）/%	≤2.0	≤3.0	≤2.0	—	—	—	—
水蒸气渗透系数/[ng/(Pa·m·s)]	≤3.5	≤4.5	≤6.5	—	—	—	—
吸水率（v/v）/%	≤1.5	≤4.0	≤4.0	≤0.5	—	—	—
燃烧性能	不低于 B2 级			A 级			

2 纤维保温材料主要性能指标应符合表 5.2.2-2 的要求；

表 5.2.2-2 纤维保温材料主要性能指标

项 目	指 标			
	岩棉、矿渣棉板	岩棉、矿渣棉毡	玻璃棉板	玻璃棉毡
表观密度/（kg/m³）	≥40	≥40	≥24	≥10
导热系数/[W/(m·K)]	≤0.040	≤0.040	≤0.043	≤0.050
燃烧性能	A 级			

3 喷涂硬泡聚氨酯主要性能指标应符合表 5.2.2-3 的要求；

表 5.2.2-3　喷涂硬泡聚氨酯主要性能指标

项　　目	指　　标
表观密度/（kg/m^3）	≥35
导热系数/[W/（m·K）]	≤0.024
压缩强度/kPa	≥150
尺寸稳定性（70℃，48h）/%	≤1
闭孔率/%	≥92
水蒸气渗透系数/[ng/(Pa·m·s)]	≤5
吸水率（v/v）/%	≤3
燃烧性能	不低于 B2 级

4 现浇泡沫混凝土主要性能指标应符合表 5.2.2-4 的要求；

表 5.2.2-4　现浇泡沫混凝土主要性能指标

项　　目	指　　标
干密度/（kg/m^3）	≤600
导热系数/[W/（m·K）]	≤0.14
抗压强度/MPa	≥0.5
吸水率/%	≤20%
燃烧性能	A 级

5 金属面绝热夹芯板主要性能指标应符合表5.2.2-5的要求。

表 5.2.2-5　金属面绝热夹芯板主要性能指标

项　　目	指　　标				
	模塑聚苯乙烯夹芯板	挤塑聚苯乙烯夹芯板	硬质聚氨酯夹芯板	岩板、矿渣棉夹芯板	玻璃棉夹芯板
传热系数 /[W/(m²·K)]	≤0.68	≤0.63	≤0.45	≤0.85	≤0.90
粘结强度/MPa	≥0.10	≥0.10	≥0.10	≥0.06	≥0.03
金属面板厚度	彩色涂层钢板基板≥0.5 mm，压型钢板≥0.5 mm				
芯材密度 /（kg/m³）	≥18	—	≥38	≥100	≥64
剥离性能	粘贴在金属面材上的芯材应均匀分布，并且每个剥离面的粘结面积不应小于85%				
抗弯承载力	夹芯板挠度为支座间距的1/200时，均布荷载不应小于0.5 kN/m²				
防火性能	芯板燃烧性能按现行国家标准《建筑材料及制品燃烧性能分级》GB8624的有关规定分级。岩棉、矿渣棉夹芯板，当夹芯板厚度小于或等于80 mm时，耐火极限应大于或等于30 min；当夹芯板厚度大于 80 mm 时，耐火极限应大于或等于60 min				

5.3　施工准备

5.3.1　施工前材料应做好下列准备：

1　检查材料的质量证明文件，并依据质量证明文件，核查进场材料的品种、规格、尺寸、包装等。

2　材料的外观质量检验应符合下列要求：

1）所有材料均应进行外观质量检验；

2）外观质量应符合本规程第 5.2.1 条的要求。

3 材料的物理性能抽样复验应符合下列要求：

1）抽样标准应符合附录 B 的要求；

2）物理性能的抽检项目应符合附录 B 的要求，所检项目应符合本规程第 5.2.2 条的要求。

4 所用材料需经监理单位或建设单位签字同意后才能使用。

5.3.2 施工前应准备下列工器具：

1 常用工具：应包括小平铲、扫帚、钢丝刷、高压吹风机（清理基层）；铁抹子（基层修补、末端收头）；卷尺、粉笔、粉线包（测量弹线）；木抹子；靠尺、砖刀、小线、大锤、铁铲；振动器、小推车；电钻、电动螺丝刀、射钉枪（板状保温层机械固定）等；

2 操作人员护具：应包括头套、长袖手套、口罩、软底鞋、工作服等；

3 消防器材：应包括灭火器、干砂、铁锹、铁锅盖等；

4 聚氨酯泡沫塑料喷涂机具：应包括压缩空气喷涂发泡机、配套料桶等；

5 泡沫混凝土专用机具：应包括发泡机、泡沫混凝土搅拌机、混凝土输送泵、空气压缩机（含压力表）、水准仪、坍落度筒、铝合金刮杠、切割机等。

5.3.3 作业条件除符合本规程第 3.0.19 条的要求外，尚应符合下列环境气象条件要求：

1 施工环境温度宜为 5 ℃ ~ 35 ℃；干铺的保温材料可在温度低于 0 ℃ 时施工；用水泥砂浆粘贴的板状材料保温层，

在气温低于 5 ℃ 不宜施工；喷涂硬质聚氨酯，施工环境气温宜为 15 ℃ ~ 35 ℃，风力不宜大于三级，相对湿度宜小于 85%。现浇泡沫混凝土的施工环境温度宜为 5 ℃ ~ 35 ℃。

2 雨天、雪天不得施工。

3 五级风及其以上不得施工。

4 蓄水池的防水混凝土应避免在冬期和高温期施工。

5.4 板状材料保温层施工

Ⅰ 施工要求

5.4.1 板状材料保温层施工应采用下列工艺流程：

5.4.2 应将基层表面的杂物、尘土等清理干净。如结构层为基层，如有孔洞、缝隙和板面不平处，应采用 C20 细石混凝土或 1:2 ~ 1:3 水泥砂浆填实、抹平。

5.4.3 按设计坡度及流向，在基层的檐口、屋脊处用小线拉通线和分格控制线，用砖或木块将线垫起，垫起高度为板材设计铺设高度，并沿女儿墙四周的墙上弹出厚度控制，用以控制板材铺设高度。

5.4.4 利用所用块材在分格缝固定的分仓内试摆，宜满足分仓内为整块板。

5.4.5 铺砌板状材料时，应符合下列规定：

1 干铺板状材料保温层时，应直接铺设在结构层、找平层或隔汽层上，紧靠基层表面，并应铺平垫稳；分层铺砌时上下两层板块的拼缝应相互错开，板间缝隙应用同类材料的碎屑嵌填密实，同一层板块相邻的板边厚度应一致。

2 水泥砂浆粘结铺贴板状材料保温层时，水泥砂浆配合比一般为 1∶2（水泥∶砂），铺贴时应"满铺满贴"，板材平粘在屋面基层上，应贴严粘牢。板间缝隙应用水泥砂浆或保温砂浆填实勾缝。

3 胶结材料粘贴板状材料保温层时，胶粘剂应与保温材料相容，保温层分层铺砌时上下两层板块的拼缝应相互错开，板材相互之间和板材与基层之间，均应满涂胶结材料，厚度为 1.0 mm～1.5 mm，将板材贴严平粘在屋面基层上，板缝间或缺角处应用保温材料碎屑加胶料拌匀填补。

4 机械固定板状材料保温层时，应将板状保温材料钉固在结构上，固定件的间距应符合设计要求。

5.4.6 当屋面为保温材料找坡时，板状材料保温层在铺贴时，可用板块叠层找坡，高低不平处，可用相同板块碎粒散料和胶粘剂充分拌和后进行铺垫、压紧、抹平，使坡面平顺。

5.4.7 采用机械固定法时，垫片应与保温板表面齐平，避免因螺钉紧固而发生保温板的破裂或断裂。

5.4.8 板状材料保温层的成品保护应符合下列要求：

1 保温材料在施工过程中应采取防潮、防水、防火等保护措施；施工完成后应及时铺抹水泥砂浆找平层，以减少受潮和进水；在雨季应及时采取覆盖保护措施。

2 板状材料铺设完成后，在胶粘剂固化前不得上人走动，以免影响粘结效果。

Ⅱ 质量标准——主控项目

5.4.9 板状保温材料的质量，应符合设计要求。

检验方法：检查出厂合格证、质量检测报告和进场检验报告。

5.4.10 板状材料保温层厚度应符合设计要求，其正偏差应不限，负偏差应为 5%，且不得大于 4 mm。

检验方法：钢针插入和尺量检查。

5.4.11 屋面热桥部位处理应符合设计要求。

检验方法：观察检查。

Ⅲ 质量标准——一般项目

5.4.12 板状保温材料铺设应紧贴基层，应铺平垫稳，拼缝严密，粘贴牢固。

检验方法：观察检查。

5.4.13 固定件的规格、数量和位置均应符合设计要求；垫片应与保温层表面齐平。

检验方法：观察检查。

5.4.14 板状材料保温层表面平整度的允许偏差为 5 mm。

检验方法：2 m 靠尺和塞尺检查。

5.4.15 板状材料保温层接缝高低差的允许偏差为 2 mm。

检验方法：靠尺和塞尺检查。

5.5 纤维材料保温层施工

Ⅰ 施工要求

5.5.1 纤维材料保温层施工应采用下列工艺流程：

基层清理 → 确定标高、分格控制线 → 纤维材料铺设 → 成品保护

5.5.2 基层清理应符合本规程第 5.4.2 条的要求。

5.5.3 确定标高和分格控制线应符合本规程第 5.4.3 条的要求。

5.5.4 纤维材料铺设应按照设计要求和材料规格，进行单层或分层铺设。纤维材料应紧贴基层，拼接严密，上下两层的拼接缝错开，表面平整，避免产生热桥。

5.5.5 当屋面坡度较大时，纤维保温材料应采用机械固定法施工，以防止保温层下滑并应符合下列规定：

    1 固定于金属板上；宜用金属固定件，在金属压型板的波峰上用电动螺丝刀直接将固定件旋进。

    2 固定于混凝土基层上，宜符合下列规定：

        1）纤维板宜用金属固定件，在混凝土结构层上先用电锤钻孔，钻孔深度要比螺钉深 25 mm，然后用电动螺丝刀将固定件旋进；

        2）纤维毡宜用塑料固定件，在基层上，先用水泥基胶粘剂将塑料钉粘牢，将纤维毡压钉其上，再将塑料垫片与钉热熔焊牢。

5.5.6 纤维材料保温层的成品保护应符合下列要求：

    1 保温材料在施工过程中应采取防潮、防水、防火等保护措施；

    2 纤维保温材料在施工时应避免重压，并应采取防潮措施；

    3 纤维材料填充后，不得上人踩踏。

Ⅱ 质量标准——主控项目

5.5.7 纤维保温材料的质量，应符合设计要求。

    检验方法：检查出厂合格证、质量检验报告和进场检验报告。

5.5.8 纤维材料保温层的厚度应符合设计要求，其正偏差应不限，毡不得有负偏差，板负偏差应为 4%，且不大于 3 mm。

检验方法：钢针插入和尺量检查。

5.5.9 屋面热桥部位处理应符合设计要求。

检验方法：观察检查。

Ⅲ　质量标准——一般项目

5.5.10 纤维保温材料铺设应紧贴基层，拼缝应严密，表面应平整。

检验方法：观察检查。

5.5.11 固定件的规格、数量、位置应符合设计要求，垫片应与保温层表面齐平。

检验方法：观察检查。

5.5.12 装配式骨架和水泥纤维板应铺钉牢固，表面应平整；龙骨间距和板材厚度应符合设计要求。

检验方法：观察和尺量检查。

5.5.13 具有抗水蒸气渗透外覆面的玻璃棉制品，其外覆面应朝向室内，拼缝应用防水密封胶带封严。

检验方法：观察检查。

5.6　喷涂硬泡聚氨酯保温层施工

Ⅰ　施工要求

5.6.1 喷涂硬泡聚氨酯保温层施工应采用下列工艺流程：

基层清理 → 涂刷基层处理剂 → 确定标高、分格控制线 → 试喷、喷涂 → 成品保护

5.6.2 基层清理应符合本规程第 5.4.2 条的要求，基层必须干

燥；确定标高和分格控制线应符合本规程第 5.4.3 条的要求。

5.6.3 基层处理剂涂刷应厚薄均匀，不得漏刷，不露底、无积油、无起泡和麻点。

5.6.4 正式喷涂前，必须通过试喷确定喷涂的具体参数，并应制备试样进行硬泡聚氨酯的性能检测。

5.6.5 喷涂应符合下列规定：

　　1 喷涂施工应连续、均匀地喷涂，当日的作业面应当日连续喷涂施工完毕；

　　2 应分遍喷涂，每次喷涂的厚度一般不宜超过 15 mm；

　　3 喷涂顺序由下风向逐渐移向上风方向，施工人员面向下风口，倒退行进；

　　4 喷涂时，喷枪与基层的间距应由试验确定。

5.6.6 喷涂硬泡聚氨酯保温层的成品保护应符合下列规定：

　　1 硬泡聚氨酯喷涂后 20 min 内不得上人；

　　2 喷涂硬泡聚氨酯保温层完成后，应及时做保护层。

Ⅱ　质量标准——主控项目

5.6.7 喷涂硬泡聚氨酯所用原材料的质量及配合比，应符合设计要求。

　　检验方法：检查原材料出厂合格证、质量检验报告和计量措施。

5.6.8 喷涂硬泡聚氨酯保温层的厚度应符合设计要求，其正偏差不限，不得有负偏差。

　　检验方法：钢针插入和尺量检查。

5.6.9 屋面热桥部位处理应符合设计要求。

　　检验方法：观察检查。

Ⅲ 质量标准——一般项目

5.6.10 喷涂硬泡聚氨酯应分遍喷涂，粘结应牢固，表面应平整，找坡应正确。

检查方法：观察检查。

5.6.11 喷涂硬泡聚氨酯保温层表面平整度的允许偏差为5 mm。

检查方法：2 m靠尺和塞尺检查。

5.7 现浇泡沫混凝土保温层施工

Ⅰ 施工要求

5.7.1 现浇泡沫混凝土保温层施工应采用下列工艺流程：

5.7.2 基层清理应符合本规程第5.4.2条的有关规定。

5.7.3 在泡沫混凝土浇筑前，应用水泥砂浆按要求拉线做标志块，等标志块收水后（初凝后终凝前）需进行二次校平，使标志块顶面标高符合坡度和厚度要求。

5.7.4 泡沫混凝土浇筑应符合下列规定：

1 现浇泡沫混凝土应分层施工，一次浇筑厚度不宜超过200 mm；

2 最后一层虚铺厚度可为实际厚度的1.2～1.3倍，用铝合金刮杠刮平；

3 泡沫混凝土浇筑应一次成型，大面积泡沫混凝土浇筑可以采用分区逐片的方法进行；

4 浇筑过程中随时检查泡沫混凝土的湿密度；

5 应制作试样进行性能测试；

6 泡沫混凝土的浇筑出料口离基层的高度不宜超过 1 m，泵送时应低压泵送；

7 在坡度超过 2% 或水落口等节点附近，可以采用模板进行辅助。

5.7.5 现浇泡沫混凝土保温层的成品保护应符合下列规定：

1 泡沫混凝土浇筑完毕 12 h 后应浇水养护，使泡沫混凝土保持湿润状态；

2 泡沫混凝土浇筑完毕 72 h 内严禁上人，养护期间应尽量避免上人并严禁堆放物品；

3 养护时间不得少于 7 d。

Ⅱ 质量标准——主控项目

5.7.6 现浇泡沫混凝土所用原材料的质量及配合比，应符合设计要求。

检验方法：检查原材料出厂合格证、质量检验报告和计量措施。

5.7.7 现浇泡沫混凝土保温层的厚度应符合设计要求，其正负偏差应为 5%，且不大于 5 mm。

检验方法：钢针插入和尺量检查。

5.7.8 屋面热桥部位处理应符合设计要求。

检验方法：观察检查。

Ⅲ 质量标准——一般项目

5.7.9 现浇泡沫混凝土应分层施工、粘结牢固、表面平整、找坡正确。

检验方法：观察检查。

5.7.10 现浇泡沫混凝土不得有贯通性裂缝,以及疏松、起砂、起皮现象。

检验方法:观察检查。

5.7.11 现浇泡沫混凝土保温层表面平整度的允许偏差为 5 mm。

检验方法:2 m 靠尺和塞尺检查。

5.8 种植隔热层施工

Ⅰ 施工要求

5.8.1 种植隔热层施工应采用下列工艺流程:

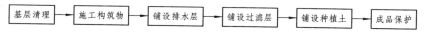

5.8.2 基层清理应符合本规程第 5.4.2 条的要求。

5.8.3 构筑物包括挡墙、排水沟、人行通道、出入口等,其施工在符合各专业规范的同时,应符合下列要求:

1 种植土四周应设置挡墙,挡墙下部应设置泄水孔,并与排水出口连通不得阻塞;

2 构筑物应形成种植屋面的交通系统和排水系统。

5.8.4 排水层的材料可以选用凹凸型排水板、网状交织排水板、卵石、陶粒等,其铺设应符合下列要求:

1 凹凸型排水板宜采用搭接法施工,搭接宽度应根据产品的具体规格确定,由下往上进行铺设;

2 网状交织排水板宜采用对接法施工;

3 卵石、陶粒排水层的铺设应平整,应从低处向屋脊排列铺摆,然后再摊铺到设计高度。

5.8.5 铺设过滤层应符合下列规定:

1 过滤层宜选用 200 g/m² ~ 400 g/m² 的土工布；

2 土工布铺设应平整、无皱褶，搭接宽度不应小于 100 mm，搭接时宜采用粘合或缝合处理；

3 土工布应沿种植土周边向上铺设至种植土高度。

5.8.6 铺设种植土时，必须按照设计的厚度实施。铺设种植土前，应先在女儿墙、泛水、檐口等屋面周边，设置卵石隔离带，宽度宜为 300 mm ~ 500 mm，种植土与卵石隔离带间，应设置过滤层，过滤层宜选用钢板过滤网、塑料过滤板。

5.8.7 种植隔热层的成品保护应符合下列要求：

1 当过滤层铺设完成后，应在土工布的表面采取临时固定措施，确保铺土时不移位；

2 种植土、植物等应在屋面均匀堆放，不得损伤防水层；

3 铺土时，要注意保护构筑物、排水层、过滤层不被破坏。

Ⅱ 质量标准——主控项目

5.8.8 种植隔热层所用材料的质量，应符合设计要求。

检验方法：检查出厂合格证和质量检验报告。

5.8.9 排水层应与排水系统连通。

检验方法：观察检查。

5.8.10 挡墙或挡板泄水孔的留设应符合设计要求，并不得堵塞。

检验方法：观察和尺量检查。

Ⅲ 质量标准——一般项目

5.8.11 陶粒应铺设平整、均匀，厚度应符合设计要求。

检验方法：观察和尺量检查。

5.8.12 排水板应铺设平整，接缝应符合国家现行有关标准的规定。

检验方法：观察和尺量检查。

5.8.13 过滤层土工布应铺设平整、接缝严密，其搭接宽度的允许偏差为 - 10 mm。

检验方法：观察和尺量检查。

5.8.14 种植土应铺设平整、均匀，其厚度的允许偏差为 ± 5%，且不得大于 30 mm。

检验方法：尺量检查。

5.9 架空隔热层施工

Ⅰ 施工要求

5.9.1 架空隔热层施工应采用下列工艺流程：

5.9.2 基层清理应符合本规程第 5.4.2 条的要求。

5.9.3 根据设计要求和隔热板的尺寸进行弹线分格，确定砖墩的位置。

5.9.4 对砖墩处防水应采取加强措施，一般用防水层相同的材料加做一层，以突出砖墩周边 100 mm 宽矩形为宜。

5.9.5 砌筑砖墩时除符合现行国家标准《砌体结构工程施工规范》GB 50924 要求外，尚须做到灰缝饱满、平滑，落地灰及砖渣及时清理。

5.9.6 铺隔热板应做到坐浆饱满、板缝顺直、板面平整。

5.9.7 隔热板铺砌完毕，必须进行养护。

5.9.8 架空隔热层的成品保护应符合下列要求：

1 施工机具和材料应轻拿轻放，不得在隔热板上拖动、撞击；

2 砖墩及隔热板坐浆养护完成前，不得在其上大量行走。

Ⅱ 质量标准——主控项目

5.9.9 架空隔热制品的质量，应符合设计要求。

检验方法：检查材料或构件合格证和质量检验报告。

5.9.10 架空隔热制品的铺设应平整、稳固，缝隙勾填应密实。

检验方法：观察检查。

Ⅲ 质量标准——一般项目

5.9.11 架空隔热制品距山墙或女儿墙不得小于250 mm。

检验方法：观察和尺量检查。

5.9.12 架空隔热层的高度及通风屋脊、变形缝做法，应符合设计要求。

检验方法：观察和尺量检查。

5.9.13 架空隔热制品接缝高低差的允许偏差为3 mm。

检验方法：直尺和塞尺检查。

5.10 蓄水隔热层施工

Ⅰ 施工要求

5.10.1 蓄水隔热层施工应采用下列工艺流程：

5.10.2 基层清理应符合本规程第 5.4.2 条的要求。

5.10.3 蓄水结构宜采用掺外加剂的防水混凝土结构，每个蓄水区的池底和池壁应一次浇筑完毕，不得留施工缝；防水混凝土必须机械搅拌、机械振捣，随捣随抹，抹压时不得洒水、撒干水泥、加水泥浆；混凝土收水后应进行二次压光并及时养护。

5.10.4 防水混凝土浇筑完成后应及时养护，养护时间不得小于 14 d。

5.10.5 蓄水隔热层的成品保护应符合下列要求：

1 施工机具和材料应轻拿轻放，不得在蓄水结构上拖动、撞击；

2 蓄水后不得断水。

Ⅱ 质量标准——主控项目

5.10.6 防水混凝土所用材料的质量及配合比，应符合设计要求。

检验方法：检查材料出厂合格证、质量检验报告、进场检验报告和计量措施。

5.10.7 防水混凝土的抗压强度和抗渗性能，应符合设计要求。

检验方法：检查混凝土抗压和抗渗试验报告。

5.10.8 蓄水池不得有渗漏现象。

检验方法：蓄水至规定高度观察检查。

Ⅲ 质量标准——一般项目

5.10.9 防水混凝土表面应密实、平整，不得有蜂窝、麻面、露筋等缺陷。

检验方法：观察检查。

5.10.10 防水混凝土表面的裂缝宽度不应大于 0.2 mm，并不得贯通。

检验方法：带刻度的放大镜检查。

5.10.11 蓄水池上所留设的溢水口、过水孔、排水管、溢水管等，其位置、标高、尺寸均应符合设计要求。

检验方法：观察和尺量检查。

5.10.12 蓄水池结构的允许偏差和检验方法应符合表 5.10.12 的规定。

表 5.10.12　蓄水池结构的允许偏差和检验方法

项　目	允许偏差/mm	检验方法
长度、宽度	+15，−10	尺量检查
厚度	±5	
表面平整度	5	2 m 靠尺和塞尺检查
排水坡度	符合设计要求	坡度尺检查

6 卷材防水层工程

6.1 一般规定

6.1.1 卷材防水层的基层应坚实、干净、平整、无孔隙、起砂和裂缝。

6.1.2 基层处理剂的配制与施工应符合下列要求：

   1 基层处理剂的选择应与卷材或涂料的材性相容；

   2 喷、涂基层处理剂前，应用毛刷对屋面节点、周边、转角等处先行涂刷；

   3 基层处理剂可采取喷涂法或涂刷法施工。喷、涂应均匀一致，待其干燥后及时铺贴卷材。

6.1.3 屋面防水层的施工程序应按照"先高跨后低跨、先低标高后高标高、先远后近、先细部后大面"的程序进行，并应符合下列要求：

   1 先高跨后低跨：当有高低跨屋面相连时，应先施工高跨后施工低跨。

   2 先低标高后高标高：在同一个屋面，应先施工低标高的卷材，后施工高标高的卷材，以确保卷材顺水流方向搭接。

   3 先远后近：先施工距出入口远的，后施工距出入口近，以避免操作人员过多踩踏已完工的防水层。

   4 先细部后大面：先做好细部节点的附加层处理，再大面积施工防水层，附加层所用防水材料应与大面积防水材料为同一材质。

6.1.4 卷材固定的基本形式，可根据卷材作用的不同，选择满粘、条粘、点粘、空铺等形式。

6.1.5 卷材固定的方法，可根据卷材材质的不同，选择冷粘法、热粘法、热熔法、自粘法、焊接法、机械固定法等方法。

6.1.6 卷材铺设的方法，可根据卷材的粘结形式和部位不同，选择滚铺法、展铺法和抬铺法等。

1 滚铺法就是不展开卷材，边滚卷材边粘结，用于大面积满粘法施工；

2 展铺法就是先展开卷材铺放于基层，然后卷材周边掀起进行粘贴，用于条粘法或点粘法施工；

3 抬铺法就是先按细部形状将卷材剪切成型，在细部构造上预铺，调整好尺寸、形状后，直接粘接，用于附加层施工。

6.1.7 卷材的铺贴方向应符合下列要求：

1 卷材宜平行屋脊铺贴；

2 上下层卷材不得相互垂直铺贴，以免因重缝太多形成渗水通道；

3 铺贴天沟、檐沟卷材时，宜顺天沟、檐沟方向，以减少卷材的搭接。

6.1.8 卷材的搭接方法应符合下列规定：

1 平行于屋脊的搭接缝，应顺流水方向搭接；垂直于屋脊的搭接缝，应顺年最大频率风向搭接。

2 叠层铺贴的各层卷材，在天沟与屋面的交接处，应采用叉接法搭接，搭接缝应错开。

3 搭接缝宜留在屋面或天沟侧面，不宜留在沟底。檐沟应从水落口向分水线方向铺贴卷材。长边搭接缝应留在屋面或檐沟侧面，不应留在沟底，以免雨水冲刷及长时间浸泡致使接缝渗漏。

    4 相邻两幅卷材的接头应相互错开 500 mm 以上。

    5 上下层卷材的搭接缝应错开（图 6.1.8）。

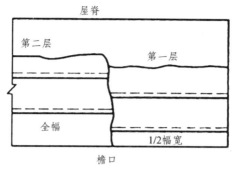

（a）二层卷材铺设

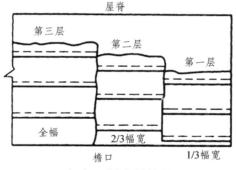

（b）三层卷材铺设

图 6.1.8　叠层卷材铺设

    6 每层卷材都应铺过屋脊不少于 200 mm，且应两坡交替进行，不允许在一个坡面上铺贴两层或三层卷材后，再铺贴另一坡面的卷材。

    7 各类卷材搭接宽度应符合表 6.1.8 的要求。

表 6.1.8 卷材搭接宽度

卷材类别		搭接宽度/mm
合成高分子卷材	胶粘剂	80
	胶粘带	50
	单缝焊	60，有效焊接宽度不小于 25
	双缝焊	80，有效焊接宽度不小于 10×2+空腔宽
高聚物改性沥青防水卷材	胶粘剂	100
	自粘	80

6.1.9　卷材的铺贴应符合下列规定：

　　1　卷材防水层上有重物覆盖或基层变形较大时，应优先采用空铺法、点粘法、条粘法或机械固定法，但距屋面周边 800 mm 内以及叠层铺贴的各层卷材之间应满粘；

　　2　立墙铺贴卷材时应采用满粘法或机械固定法；

　　3　防水层采取满粘法施工时，找平层的分格缝处宜空铺，空铺的宽度宜为 100 mm；

　　4　卷材防水屋面的坡度不宜超过 25%，当坡度超过 25%时，应采用满粘法或机械固定法。

6.1.10　卷材的收头应设置在预设的凹槽内，与基层粘接牢固，用金属压条钉压固定，并用密封材料封严。

6.1.11　在卷材防水层施工时，不得污染檐口的外侧和墙面。

6.1.12　卷材防水层的贮运及保管应符合下列要求：

　　1　不同品种、规格的卷材应分别堆放；

　　2　卷材应储存在阴凉通风处，避免雨淋、日晒和受潮，

46

严禁接近火源；

3 卷材应避免与化学介质及有机溶剂等有害物质接触。

6.1.13 卷材胶粘剂和胶粘带的贮运、保管应符合下列要求：

1 不同品种、规格的卷材胶粘剂和胶粘带，应分别用密封桶或纸箱包装；

2 卷材胶粘剂和胶粘带应储存在阴凉通风的室内，严禁接近火源和热源。

6.1.14 卷材防水层分项工程每个检验批的抽检数量，应按照屋面面积每 100 m² 抽查一处，每处应为 10 m²，且不得少于 3 处。

6.2 材料要求

6.2.1 材料的外观质量应符合下列规定：

1 沥青基防水卷材用基层处理剂应为均匀液体，无结块、无凝胶；

2 改性沥青胶粘剂应为均匀液体，无结块、无凝胶；

3 高分子胶粘剂应为均匀液体，无杂质、无分散颗粒或凝胶；

4 合成橡胶胶粘带应表面平整，无固块、杂物、孔洞、外伤及色差；

5 高聚物改性沥青防水卷材应表面平整，边缘整齐，无孔洞、缺边、裂口、胎基未浸透，矿物粒料粒度应均匀一致并紧密地粘附于卷材表面；每卷卷材的接头处不应超过一个，较短的一段长度不应少于 1 000 mm，接头应剪切整齐，并加长 150 mm；

6 合成高分子防水卷材应表面平整，边缘整齐，无气泡、裂纹、粘接疤痕，每卷卷材的接头处不应超过一个，较短的一段长度不应少于 1 000 mm，接头应剪切整齐，并加长 150 mm。

6.2.2 材料的物理性能应符合下列要求：

1 基层处理剂、胶粘剂、胶粘带主要性能指标应符合表 6.2.2-1 的要求；

表 6.2.2-1 **基层处理剂、胶粘剂、胶粘带主要性能指标**

项　　目	指　　标			
	沥青基防水卷材用基层处理剂	改性沥青胶粘剂	高分子胶粘剂	合成橡胶胶粘带
剥离强度 /（N/10 mm）	≥8	≥8	≥15	≥6
浸水 168 h 剥离强度保持率	≥8 N/10 mm	≥8 N/10 mm	70%	70%
固体含量/%	水性≥40 溶剂性≥30	—	—	—
耐热性	80 °C 无流淌	80 °C 无流淌	—	—
低温柔性	0 °C 无裂纹	0 °C 无裂纹	—	—

2 高聚物改性沥青防水卷材主要性能指标符合表 6.2.2-2 的要求；

表 6.2.2-2　高聚物改性沥青防水卷材主要性能指标

项　目	指　标				
	聚酯毡胎体	玻纤毡胎体	聚乙烯胎体	自粘聚酯胎体	自粘无胎体
可溶物含量 / (g/m²)	3 mm 厚 ≥2100　4 mm 厚 ≥2900	—	—	2 mm 厚 ≥1300　3 mm 厚 ≥2100	—
拉力 / (N/50 mm)	≥500	纵向≥ 350	≥200	2 mm 厚 ≥350　3 mm 厚 ≥450	≥150
延伸率/%	最大拉力时 SBS≥30 APP≥25	—	断裂时 ≥120	最大拉力时 ≥30	最大拉力 时≥200
耐热度（2 h）/℃	SBS 卷材 90，APP 卷材 110，无滑动、流淌、滴落		PEE 卷材 90，无流淌、起泡	70，无滑动、流淌、滴落	70，滑动 不超过 2 mm
低温柔性/℃	SBS 卷材为－20；APP 卷材为－7；PEE 卷材为－20			－20	
不透水性 — 压力/MPa	≥0.3	≥0.2	≥0.4	≥0.3	≥0.2
不透水性 — 保持时间 /min	≥30			≥120	

注：SBS 卷材为弹性体改性沥青防水卷材；APP 卷材为塑性体改性沥青防水卷材；PEE 卷材为改性沥青聚乙烯胎防水卷材。

3　合成高分子防水卷材主要性能指标符合表 6.2.2-3 的要求；

表 6.2.2-3 合成高分子防水卷材主要性能指标

项 目		指 标			
		硫化橡胶类	非硫化橡胶类	树脂类	树脂类（复合片）
断裂拉伸强度/MPa		≥6	≥3	≥10	≥60 N/10 mm
扯断伸长率/%		≥400	≥200	≥200	≥400
低温弯折/℃		−30	−20	−25	−20
不透水性	压力/MPa	≥0.3	≥0.2	≥0.3	≥0.3
	保持时间/min	≥30			
加热收缩率/%		<1.2	<2.0	≤2.0	≤2.0
热老化保持率（80℃×168 h）/%	断裂拉伸强度	≥80		≥85	≥80
	扯断伸长率	≥70		≥80	≥70

6.3 施工准备

6.3.1 施工前材料应做好下列准备：

1 检查材料的质量证明文件，并依据质量证明文件核查进场材料的品种、规格、尺寸、包装等。

2 材料的外观质量检验应符合下列要求：

1）所有材料均应进行外观质量检验；

2）外观质量应符合本规程第 6.2.1 条的要求。

3 材料的物理性能抽样复检应符合下列要求：

1）抽样标准应符合附录 B 的要求；

2）物理性能的抽检项目应符合附录 B 的要求，所检项目应符合本规程第 6.2.2 条的要求。

4 所用材料需经监理单位或建设单位签字同意后才能使用。

6.3.2 施工前应准备下列工器具：

1 常用工具：应包括小平铲、笤帚、钢丝刷、高压吹风机（清理基层）；铁抹子（基层修补、末端收头）；卷尺、粉笔、粉线包（测量弹线）；搅拌木棍或电动搅拌器（搅拌材料）、胶皮刮板、长柄滚刷；加热炉灶、鸭嘴壶、保温桶、温度计、湿度计；剪刀、切割刀、钢管 ϕ30 mm × 1 500 mm（展铺卷材）、手持压辊、扁平辊、大型压辊（30 kg ~ 40 kg）；电钻、电动螺丝刀、射钉枪（机械固定）等。

2 操作人员护具：应包括长袖手套、口罩、软底鞋等。

3 消防器材：应包括灭火器、干砂、铁锹、铁锅盖等。

4 冷粘法需用机具：除常用机具外，尚需小油漆桶、油漆刷等。

5 热粘法需用机具：除常用机具外，尚需油壶、专用导热油炉等。

6 热熔法需用机具：除常用机具外，尚需液化气火焰喷枪及软管、液化气罐、汽油喷灯（3L，卷材附加层用）等。

7 自粘法需用机具：除常用机具外，尚需手持汽油喷灯（融化接缝处聚乙烯膜）、扁头热风枪（加热搭接缝处胶粘层）等。

8 焊接法需用机具：除常用机具外，尚需热风焊枪或自动焊机等。

9 机械固定法需用机具：除常用机具外，尚需电钻、电动螺丝刀等。

6.3.3 作业条件除符合本规程第 3.0.19 条的要求外，尚应符合下列环境气象条件要求：

1 施工环境温度：热熔法和焊接法不宜低于 − 10 ℃，冷粘法和热粘法不宜低于 5 ℃，自粘法不宜低于 10 ℃。

    2 雨雪天气不得施工。

    3 5 级风及其以上不得施工。

6.4 卷材防水层施工

6.4.1 卷材防水层施工应采用下列工艺流程：

6.4.2 基层处理剂喷刷之前，将验收合格的基层表面上以及分格缝内的灰渣、浮尘和砂浆毛刺等杂物剔除、清扫干净，水落口应做好临时封盖，装饰面做好防护以免被基层处理剂污染。

6.4.3 涂刷基层处理剂应符合下列规定：

    1 涂刷顺序：基层处理剂应先将边角、管根、雨水口、分格缝内侧面及缝两边各 200 mm 范围内涂刷完，然后在檐口、屋脊和屋面转角处及突出屋面的交接处等处涂刷，最后大面积涂刷。

    2 涂刷应厚薄均匀，不得漏刷，不露底、无积油、无起泡和麻点，立墙不得流坠。

6.4.4 卷材铺贴前，必须根据本规程第 6.1.7 条的规定，确定卷材铺贴方向，并通过试铺，确定第一幅卷材的位置及卷材搭接的位置及长度，经确认后，再大面积展开铺贴。

6.4.5 根据试铺的结果，在基层弹出卷材的铺贴线。

6.4.6 排汽孔设置应符合下列规定：

    1 在保温层内应设置排汽道，排汽道的宽度宜为 40 mm，排汽道应纵横贯通，找平层设置的分格缝可兼作排汽道；

2 排汽道纵横间距宜为 6 m，屋面面积每 36 m² 宜设置一个排汽孔（图 6.4.6-1）；

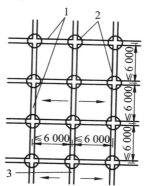

图 6.4.6-1 排汽孔设置位置示意图
1—排汽道；2—排汽孔；3—屋脊排汽道

3 排汽孔可用带弯头的钢管或塑料管做成的排汽管与大气连通，排汽管可设置在檐口下或纵横排汽道的交叉处，排汽管应做防水处理（图 6.4.6-2～6.4.6-4）；

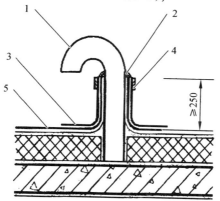

图 6.4.6-2 设置于屋面排汽孔构造示意图
1—排汽管；2—密封材料；3—附加层；4—金属箍；5—防水层

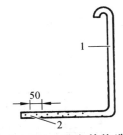

图 6.4.6-3　排汽管构造图

1—塑料管或不锈钢管；2—φ5 钻孔

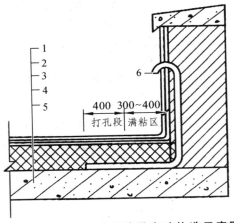

图 6.4.6-4　设置于女儿墙排汽孔构造示意图

1—保护层；2—防水层；3—找平层；4—保温层；5—结构层；6—排汽管

4　排汽管底部应固定在结构层上，穿过保温层部分的管壁应打孔，孔径不宜过小（φ5@50），分布适当，以适应保温层潮气的排出。排汽管的管径规格视排汽道宽度选用，一般可选择φ25 mm～φ45 mm 的钢管、不锈钢管或塑料管制作，钢管内外壁应进行防锈处理。图 6.4.6-4 为女儿墙内埋设排汽管构造，排汽管采用塑料管，管子下部钻孔部分伸入排汽道满粘区外 400 mm，与结构层固定，主管上端弯曲 145°~180°成管口向下的排汽口，且应与女儿墙连接固定。

6.4.7 附加层卷材铺贴应符合下列规定：

1 在檐沟、天沟与屋面交接处，屋面平面与立面交接处，以及水落口、伸出屋面管道根部等细部构造处，应加设附加层卷材，附加层卷材的宽度不应小于 500 mm；

2 屋面找平层分格缝等部位，宜设置卷材空铺附加层，空铺宽度不宜小于 100 mm（图 6.4.7-1）；

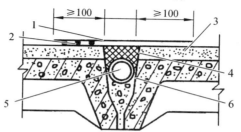

图 6.4.7-1 屋面分格缝空铺卷材
1—附加卷材；2—单边点粘；3—找平层；4—密封材料；
5—背衬材料；6—屋面板缝

3 阴阳角处附加卷材防水层的铺贴方法（图 6.4.7-2 ~ 6.4.7-4）。

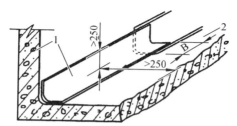

图 6.4.7-2 阴阳角附加卷材铺贴方法示意图
1—附加卷材；2—搭接宽度

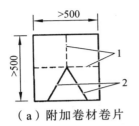 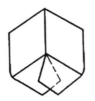 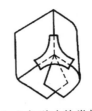

（a）附加卷材卷片　　（b）对折粘贴方法　　（c）加贴小块卷材

图 6.4.7-3　三面阴角附加卷材铺贴方法示意图

1—折线；2—裁剪线

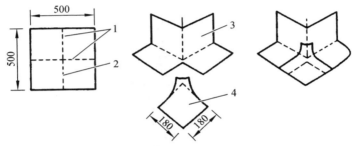

（a）附加卷材片　　（b）对折粘贴方法　　（c）加贴小块卷材

图 6.4.7-4　阴阳角转角附加卷材铺贴方法示意图

1—折线；2—裁口；3—对折方法；4—小块卷材

6.4.8　大面积卷材铺贴时，其施工方法有冷粘法、热粘法、热熔法、自粘法、焊接法、机械固定法等，具体要求详见本节后部。

6.4.9　卷材的收头密封应符合本规程第 6.1.10 条的规定。

6.4.10　卷材防水层施工完成后，应进行雨后观察或淋水、蓄水试验，具体要求见本规程第 3.0.13 条，合格后方可进行下道工序施工。

6.4.11　卷材防水层的成品保护应符合下列要求：

1 已铺贴好的卷材防水层，应制订防护方案，要有专人负责管理，确保防水层不受破坏；

2 操作人员不得穿带铁钉鞋进行施工，防水层施工完成后，应及时工完场清，不得在防水层上遗留尖锐物体；

3 防水层施工完毕后，在保护层施工前不得在其上堆放材料、作为施工运输通道以及进行电焊等工作；

4 卷材防水层铺贴完成后，应及时做好保护层，防止后序施工碰损防水层；施工保护层时，确需在防水层上运料时，应先用木板等材料铺车或人行道，车辆支撑脚用软体材料包好，防止刺破防水层；

5 防水层施工完成后，不得在防水层上钻孔或开洞。

Ⅰ 冷粘法施工

6.4.12 冷粘法施工应采用下列工艺流程：

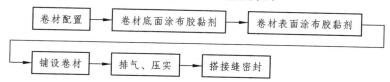

6.4.13 施工前应先通过试铺，正确掌握好胶粘剂涂布与卷材铺贴的间隔时间。

6.4.14 胶粘剂涂刷要均匀，不露底，不堆积。

6.4.15 胶粘剂涂刷并待溶剂部分挥发后，一人在后均匀用力推赶铺贴卷材，一人手持压辊滚压卷材，排除卷材下面的空气，使其粘接牢固。

6.4.16 卷材与立面的铺贴，应从下面均匀用力往上推赶，使之粘结牢固。

6.4.17 搭接部位的接缝应满涂胶粘剂，辊压后粘贴牢固。

6.4.18 合成高分子卷材的搭接缝应用材性相同的密封材料密封，宽度不小于 10 mm。

Ⅱ 热粘法施工

6.4.19 热粘法施工应采用下列工艺流程：

6.4.20 熔化热熔型改性沥青胶结料时,宜采用专用导热油炉加热，加热温度不应高于 200 ℃，使用温度不宜低于 180 ℃。

6.4.21 粘贴卷材的热熔型改性沥青胶结料浇铺厚度宜为 1.0 mm ～ 1.5 mm，浇铺宽度比卷材每边约小 10 mm ～ 20 mm。

6.4.22 卷材铺贴应采用刮涂法作业，操作时，一人在前先用油壶浇热胶，随后一人手持长柄胶皮刮板刮胶；第三人紧跟着两手按住卷材均匀地用力向前推滚、展平、压实卷材，将多余的胶挤压出来；第四人用压辊进行滚压，与铺卷材的人保持 1 m 左右距离随铺随碾压，将空气排出、压实。碾压时不得来回拉动，挤出的改性沥青胶要用抹子压实封边。

Ⅲ 热熔法施工

6.4.23 热熔法施工应采用下列工艺流程：

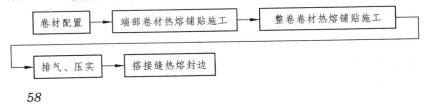

6.4.24 厚度小于 3 mm 的卷材，不得使用热熔法。

6.4.25 加热卷材应均匀，一般距加热面 300 mm 左右，应以卷材表面发光、发亮、熔融变黑为度，不得过度加热，严禁烧穿卷材。

6.4.26 端部卷材施工，将整卷卷材（勿打开）置于铺贴起始端，对准基层上已弹好的基准线，滚展卷材约 1 m，由一人站在卷材正面将这 1 m 卷材拉起，另一人站在卷材底面手持火焰加热器，慢旋开关，点燃火焰，调成蓝色，反复加热基层与卷材的交界处，使卷材与基层同时受热。加热完成即进行粘铺，再由一人手持压棍对铺贴的卷材进行排气压实。铺到卷材端头剩下约 300 mm 时，将卷材端头翻放在隔热板上，再进行烤熔，最后将卷材端部铺牢压实。

6.4.27 起始端卷材粘牢后，持火焰加热器的人应站在滚铺前方，对着待铺的整卷卷材，使火焰对准卷材与基层面的夹角，反复加热基层与卷材的交界处，使卷材与基层同时受热，至卷材表面发光、发亮、熔融变黑，并及时滚推卷材进行粘铺，后随一人进行排气压实施工。铺贴卷材时，应排尽卷材下面的空气，保证其与基层粘贴牢固。

6.4.28 卷材之间接缝的粘接，应在卷材大面积粘贴完毕后进行。当接缝处的卷材上有矿物粒或片料时，应用火焰烘烤及清除干净后再进行热熔和接缝处理；在热熔粘接搭接缝前，先将下一层卷材表面的隔离层用火焰加热器熔化，由持火焰加热器的工人用抹子当挡板沿搭接线向后移动，火焰加热器火焰随挡板热熔封边一起移动。火焰加热器应紧靠挡板，距离卷材约 50 mm ~ 100 mm，随烘烤熔融粘贴，并将熔融的沥青胶挤出，用抹子刮平。搭接缝或收头粘贴后，用火焰加热器及抹子沿搭接缝边缘再行均匀加热抹压封严或以密闭材料沿缝封严，以保证搭接处卷材间的沥青胶密实融合，使之形成明显的沥青条封边（图 6.4.28）。

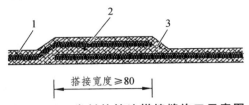

图 6.4.28　卷材热熔法搭接缝施工示意图
1—卷材；2—热熔搭接；3—挤出 5 mm ~ 8 mm 沥青条封口

Ⅳ　自粘法施工

6.4.29　自粘法施工应采用下列工艺流程：

6.4.30　自粘型卷材铺贴时，底面的隔离纸必须撕净，否则影响其与基层粘贴牢固。

6.4.31　铺贴大面积卷材时，应先撕净卷材始端背面隔离纸约500 mm 长，将卷材头对准标准线，位置准确后粘贴压实。

6.4.32　铺贴卷材应组成三人小组，一人撕纸，一人滚铺卷材，一人随后将卷材压实。铺贴时，应按基准线位置，随撕隔离纸，随将卷材向前推滚铺贴。每铺完一段卷材，应立即用长柄滚刷从开始端起彻底排除卷材下面的空气，然后再用胶皮压辊压实粘牢。

6.4.33　当铺贴天沟、泛水、阴阳角或有突出物的复杂部位基面时，应先将卷材按基面形状和搭接长度先行裁好，反铺于屋面平面上，待剥去全部隔离纸后，再铺贴卷材。

6.4.34 当在立面或坡度较大的屋面上铺贴卷材时，宜用手持汽油喷灯将卷材底面的胶粘剂适当加热增加粘结性后再进行铺贴，以防止卷材下滑。

6.4.35 合成高分子卷材的搭接缝应用密封材料密封，宽度不小于 10 mm。也可先采用热风焊枪加热接缝口，加热后随即粘贴牢，挤出的自粘胶随即刮平封口。

Ⅴ 焊接法施工

6.4.36 焊接法施工应采用下列工艺流程：

6.4.37 焊接法适合于合成高分子卷材的搭接缝密封。

6.4.38 大面积卷材铺贴施工时，搭接宽度应正确，不得扭曲、皱褶。

6.4.39 卷材焊接缝的结合面应干净、干燥，不得有水滴、油污及附着物，不得涂上胶粘剂。

6.4.40 在正式焊接卷材前，必须进行试焊，并进行剥离试验，以此来确定在现场施工条件下，焊接工具、焊接参数、工人的操作水平是否适宜，确保焊接质量。

6.4.41 正式焊接时，应先焊长边搭接缝，后焊短边搭接缝。

6.4.42 搭接缝的焊接可采用单缝焊或双缝焊。

6.4.43 焊接缝不得漏焊、跳焊或焊接不牢，也不允许有发黄、烧焦现象，焊缝边缘应光滑，有均匀发亮的熔浆出现。

Ⅵ 机械固定法施工

6.4.44 机械固定法施工应采用下列工艺流程：

卷材配置 → 确定固定点 → 卷材铺设 → 固定卷材 → 搭接缝密封

6.4.45 机械固定法适用于合成高分子卷材的条粘法和点粘法施工。

6.4.46 卷材应采用专用固定件进行机械固定，且固定件应与结构层连接牢固。

6.4.47 固定件的间距应根据抗风揭试验和当地的使用环境与条件确定，不宜大于 600 mm。

6.4.48 固定件应设置在卷材搭接缝内，外露固定件应采用卷材封盖。当固定件采用螺钉加垫片时，封盖卷材应不小于 200 mm×200 mm；当固定件采用螺钉加压条时，封盖卷材宽度应不小于 150 mm。

6.4.49 屋面周边 800 mm 范围内卷材应满粘。

6.4.50 卷材的搭接缝密封可采用焊接法或粘结法。

6.5 质量标准

Ⅰ 主控项目

6.5.1 防水卷材及其配套材料的质量，应符合设计要求。

检验方法：检查出厂合格证、质量检验报告和进场检验报告。

6.5.2 卷材防水层不得有渗漏和积水现象。

检验方法：雨后观察或淋水、蓄水试验。

6.5.3 卷材防水层在檐口、檐沟、天沟、水落口、泛水、变形缝和伸出屋面管道的防水构造，应符合设计要求。

检验方法：观察检查。

6.5.4 卷材的搭接缝应粘结或焊接牢固，密封严密，不得扭曲、皱褶和翘边。

检验方法：观察检查。

6.5.5 卷材防水层的收头应与基层粘结，钉压牢固，密封严密。

检验方法：观察检查。

6.5.6 卷材防水层的铺贴方向应正确，卷材搭接宽度的允许偏差为 − 10 mm。

检验方法：观察和尺量检查。

6.5.7 屋面排汽构造的排汽道应纵横贯通，不得堵塞；排汽管应安装牢固，位置正确，封闭严密。

检验方法：观察检查。

7 涂膜防水层工程

7.1 一般规定

7.1.1 涂膜防水层的基层应坚实、干净、平整，应无孔隙、起砂和裂缝。基层的干燥程度应根据所选防水涂料的特性确定，当采用溶剂型、热熔型和反应固化型防水涂料时，基层应干燥。

7.1.2 基层处理剂的配制与施工应符合本规程第 6.1.2 条的规定。

7.1.3 涂膜防水层的施工程序应符合本规程第 6.1.3 条的规定。

7.1.4 涂膜的收头密封应用防水涂料多遍涂刷并与基层粘接牢固。

7.1.5 胎体增强材料宜选用聚酯无纺布或化纤无纺布。

7.1.6 在涂膜防水层施工时，不得污染檐口的外侧和墙面。

7.1.7 防水涂料和胎体增强材料的贮运和保管，应符合下列规定：

    1 防水涂料包装容器应密封，容器表面应标明涂料名称、生产厂家、执行标准号、生产日期和产品有效期，并应分类存放；

    2 反应型和水乳型涂料贮运和保管环境温度不宜低于 5 ℃；

    3 溶剂型涂料贮运和保管环境温度不宜低于 0 ℃，并不得日晒、碰撞和渗漏，保管环境应干燥、通风，并应远离火源；

4 胎体增强材料贮运、保管环境应干燥、通风，并应远离火源。

7.1.8 涂膜防水层分项工程每个检验批的抽检数量，应按照屋面面积每 100 m² 抽查一处，每处应为 10 m²，且不得少于 3 处。

7.2 材料要求

7.2.1 材料的外观质量应符合下列要求：

1 高聚物改性沥青防水涂料：水乳型，应无色差、凝胶、结块、明显沥青丝；溶剂型，应为黑色粘稠状，细腻、均匀胶状液体。

2 合成高分子防水涂料：反应固化型，应为均匀粘稠状、无凝胶、结块；挥发固化型，应经搅拌后无结块，呈均匀状态。

3 聚合物水泥防水涂料：液体组分，应为无杂质、无凝胶的均匀乳液；固态组分，应为无杂质、无结块的粉状。

4 胎体增强材料：应表面平整，边缘整齐，无折痕、孔洞、污迹。

7.2.2 材料的物理性能应符合下列要求：

1 高聚物改性沥青防水涂料主要性能指标应符合表7.2.2-1 的要求；

表 7.2.2-1　高聚物改性沥青防水涂料主要性能指标

项　　目		指　　标	
		水乳型	溶剂型
固体含量/%		≥45	≥48
耐热性（80 ℃，5 h）		无流淌、起泡、滑动	
低温柔性/（℃，2 h）		-15，无裂纹	-15，无裂纹
不透水性	压力/MPa	≥0.1	≥0.2
	保持时间/min	≥30	≥30
断裂伸长率/%		≥600	—
抗裂性/mm		—	基层裂缝 0.3 mm，涂膜无裂纹

2　合成高分子防水涂料（反应固化型）主要性能指标应符合表 7.2.2-2 的要求；

表 7.2.2-2　合成高分子防水涂料（反应固化型）主要性能指标

项　　目		指　　标	
		Ⅰ类	Ⅱ类
固体含量/%		单组分≥80；多组分≥92	
拉伸强度/MPa		单组分，多组分≥1.9	单组分，多组分≥2.45
断裂伸长率/%		单组分≥550；多组分≥450	单组分，多组分≥450
低温柔性/（℃，2 h）		单组分 -40；多组分 -35，无裂纹	
不透水性	压力/MPa	≥0.3	
	保持时间/min	≥30	

注：产品按拉伸性能分为Ⅰ类和Ⅱ类。

3　合成高分子防水涂料（挥发固化型）主要性能指标应

符合表 7.2.2-3 的要求；

表 7.2.2-3　合成高分子防水涂料（挥发固化型）主要性能指标

项　目		指　标
固体含量/%		≥65
拉伸强度/MPa		≥1.5
断裂伸长率/%		≥300
低温柔性/（℃，2 h）		−20，无裂纹
不透水性	压力/MPa	≥0.3
	保持时间/min	≥30

4　聚合物水泥防水涂料主要性能指标应符合表 7.2.2-4 的要求；

表 7.2.2-4　聚合物水泥防水涂料主要性能指标

项　目		指　标
固体含量/%		≥70
拉伸强度/MPa		≥1.2
断裂伸长率/%		≥200
低温柔性/（℃，2 h）		−10，无裂纹
不透水性	压力/MPa	≥0.3
	保持时间/min	≥30

5　聚合物水泥防水胶结材料主要性能指标应符合表 7.2.2-5 的要求；

表 7.2.2-5 聚合物水泥防水胶结材料主要性能指标

项　　目		指　　标
与水泥基层的拉伸粘结强度/MPa	常温 7 d	≥0.6
	耐水	≥0.4
	耐冻融	≥0.4
可操作时间/h		≥2
抗渗性能（7 d）/MPa	抗渗性	≥1.0
抗压强度/MPa		≥9
柔韧性 28 d	抗压强度/抗折强度	≤3
剪切状态下的粘合性（常温）/（N/mm）	卷材与卷材	≥2.0
	卷材与基底	≥1.8

6 胎体增强材料主要性能指标应符合表 7.2.2-6 的要求。

表 7.2.2-6 胎体增强材料主要性能指标

项　　目		指　　标	
		聚酯无纺布	化纤无纺布
外观		均匀，无团状，平整无皱褶	
拉力/（N/50 mm）	纵向	≥150	≥45
	横向	≥100	≥35
延伸率/%	纵向	≥10	≥20
	横向	≥20	≥25

7.3 施工准备

7.3.1 施工前材料应做好下列准备：

1 检查材料的质量证明文件，并依据质量证明文件，核查进场材料的品种、规格、尺寸、包装等。

2 材料的外观质量检验应符合下列要求：

1）所有材料均应进行外观质量检验；

2）外观质量应符合本规程第 7.2.1 条的要求。

3 材料的物理性能抽样复检应符合下列要求：

1）抽样标准应符合附录 B 的要求；

2）物理性能的抽检项目应符合附录 B 的要求，所检项目应符合本规程第 7.2.2 条的要求。

4 所用材料需经监理单位或建设单位签字同意后才能使用。

7.3.2 施工前应准备下列工器具：

1 常用工具：应包括笤帚、钢丝刷、圆滚刷、防水涂料喷涂机、腻子刀、油漆刷、拌料桶（塑料或铁桶）、手提式电动搅拌器、剪刀、拖布、高压吹风机（清理基层）、铁抹子（基层修补、末端收头）、卷尺、粉笔、粉线包（测量弹线）等。

2 操作人员护具：应包括长袖手套、口罩、软底鞋等。

3 消防器材：应包括灭火器、干砂、铁锹、铁锅盖等。

7.3.3 作业条件，除符合本规程第 3.0.19 条的要求外，尚应符合下列环境气象条件要求：

1 施工环境温度：水乳型涂料、反应型涂料、聚合物水泥涂料宜为 5 ℃～35 ℃，溶剂型涂料宜为 - 5 ℃～35 ℃，热熔型涂料不宜低于 - 10 ℃。

2 不得在雨雪天气施工。

3 5 级风及其以上不得施工。

7.4 涂膜防水层施工

7.4.1 涂膜防水层施工应采用下列工艺流程：

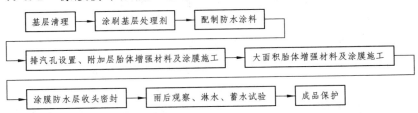

7.4.2 涂刷基层处理剂应符合本规程第 6.4.3 条的要求。

7.4.3 配制防水涂料应符合下列要求：

1 单组分防水涂料：为避免涂料中的填充料沉淀，应搅拌均匀后使用；操作过程中，应保持间歇性搅拌。

2 双组分或多组分防水涂料应按配合比准确计量，并用电动机具搅拌均匀。

3 配料时，可加入适量的缓凝剂或促凝剂来调节固化时间，但不得混合已固化的涂料。

4 配料时，应根据使用量及有效时间来确定每次配制的数量，已配制的涂料应在规定时间内使用。

5 严禁固化后的防水涂料稀释后再次使用。

7.4.4 排汽孔设置应符合本规程第 6.4.6 条的要求。

7.4.5 附加层胎体增强材料及涂膜施工应符合下列要求：

1 天沟、檐沟、泛水、变形缝、水落口等部位均应加铺有胎体增强材料的附加层；

2 低跨屋面受高跨屋檐或水落管落水冲击部位，必须增设一层铺有胎体增强材料的附加层。

7.4.6 胎体增强材料的铺设方法有湿铺法和干铺法，宜使用湿铺法，并应符合下列要求：

1 湿铺法就是边倒料、边涂刮、边铺设。施工时，先在已干燥的涂层上，用刷子或刮板将倒上的涂料仔细刮匀、刮平，然后将成卷的胎体增强材料平放在涂膜端面上，逐渐推滚铺贴于刚涂刷的涂膜上，用滚刷滚压一遍，或用刮板刮压一遍，务必使胎体增强材料的网眼充满涂料，使上下两层涂料结合良好。在铺贴胎体增强材料时，应在布幅两边边沿每隔 1.5 m～2.0 m 各剪一个 15 mm 的小口，以利铺贴平整。铺贴好的增强材料不得有皱褶、翘边、露白或空鼓现象。待干燥后继续进行下一遍涂料的施工。

2 干铺法就是在上道涂料干燥后，边干铺胎体增强材料，边在已展平的表面上用胶皮刮板均匀地满刮一道涂料。也可将胎体增强材料按要求在已干燥的涂层上展平后，先在边缘用涂料点粘固定，然后再在上面满刮一道涂料，使涂料浸入网眼渗透到已固化的涂膜上，待干燥后继续进行下遍涂料施工。

7.4.7 胎体增强材料的铺设应符合下列规定：

1 当屋面坡度小于 15%，可平行屋脊铺设；当屋面坡度大于 15%，应垂直于屋脊铺设，并由屋面最低处向上进行。

2 上下层胎体增强材料不得相互垂直铺设。

3 当胎体增强材料为二层时，第一层胎体增强材料应越过屋脊 400 mm，第二层应越过 200 mm，搭接缝应压平。

4 上下层胎体增强材料的长边搭接缝应错开，且不得小于幅宽的 1/3，相邻两幅的短边搭接缝应错开 500 mm 以上。

5 胎体增强材料长边搭接宽度不应小于 50 mm，短边搭接宽度不应小于 70 mm。

7.4.8 胎体增强材料应铺贴平整，排除气泡，并与涂料粘结牢固。

7.4.9 大面积涂膜施工应符合下列规定：

1 最上层的涂膜厚度不应小于 1.0 mm。

2 屋面转角及立面的涂膜应薄涂多遍，不得流淌和堆积。

3 防水涂料应多遍均匀涂布，涂膜总厚度应符合设计要求。应待前一遍涂层干燥或固化成膜后，并认真检查每一遍涂层表面确无气泡、皱褶、凹坑、刮痕等缺陷时，方可进行后一遍涂膜的涂刷。各遍涂膜间的涂刷方向应互相垂直，以提高防水层的整体性和均匀性。涂膜之间的接茬，应在前一遍涂膜上搭接 50 mm ~ 100 mm，以避免在接茬处发生渗漏。

4 在胎体上涂布涂料时，应使涂料浸透胎体，并应完全覆盖，不得有胎体外露现象。

5 涂膜应按分幅间隔方式或顺序倒退方式涂布，且分幅间隔宽度应与胎体增强材料的宽度一致。

7.4.10 防水涂料的施工方法宜符合下列要求：

1 水乳型及溶剂型防水涂料宜选用滚涂法或喷涂法施工；

2 反应固化型防水涂料宜选用刮涂法或喷涂法施工；

3 热熔型防水涂料宜选用刮涂法施工；

4 聚合物水泥防水涂料宜选用刮涂法施工；

5 防水涂料用于细部构造时，宜选用刷涂法或喷涂法施工。

7.4.11 涂膜的收头密封应符合本规程第 7.1.4 条的规定。

7.4.12 涂膜防水层施工完成后，应进行雨后观察或淋水、蓄水试验，具体要求见本规程第 3.0.13 条，合格后方可进行下道工序施工。

7.4.13 涂膜防水层的成品保护除应符合本规程第 6.4.11 条的规定外，还应符合下列要求：

1 涂膜防水层施工完成，固化前不允许有人行走踩踏；

2 遇雨天、大风或沙尘天气应采取覆盖措施，防止污染及损坏。

7.5 质量标准

Ⅰ 主控项目

7.5.1 防水涂料和胎体增强材料的质量，应符合设计要求。

检验方法：检查出厂合格证、质量检验报告和进场检验报告。

7.5.2 涂膜防水层不得有渗漏和积水现象。

检验方法：雨后观察或淋水、蓄水试验。

7.5.3 涂膜防水层在檐口、檐沟、天沟、水落口、泛水、变形缝和伸出屋面管道的防水构造，应符合设计要求。

检验方法：观察检查。

7.5.4 涂膜防水层的平均厚度应符合设计要求，且最小厚度不得小于设计厚度的80%。

检验方法：针测法或取样量测。

Ⅱ 一般项目

7.5.5 涂膜防水层与基层应粘结牢固，表面应平整，涂布应均匀，不得有流淌、皱褶、起泡和露胎体等缺陷。

检验方法：观察检查。

7.5.6 涂膜防水层的收头应用防水涂料多遍涂刷。

检验方法：观察检查。

7.5.7 铺贴胎体增强材料应平整顺直，搭接尺寸准确，并排除气泡，与涂料粘结牢固；胎体增强材料搭接宽度的允许偏差为 - 10 mm。

检验方法：观察和尺量检查。

8 复合防水层工程

8.1 一般规定

8.1.1 复合防水层选用的防水卷材和防水涂料应相容。

8.1.2 复合防水层施工时，涂膜防水层宜设置在卷材防水层的下面。

8.1.3 复合防水层施工时，防水卷材的粘结质量应符合表8.1.3的规定。

表 8.1.3　防水卷材的粘结质量

项　目	自粘聚合物改性沥青防水卷材和带自粘层防水卷材	高聚物改性沥青防水卷材胶粘剂	合成高分子防水卷材胶粘剂
粘结剥离强度/（N/10 mm）	≥10或卷材断裂	≥8或卷材断裂	≥15或卷材断裂
剪切状态下的粘合强度/（N/10 mm）	≥20或卷材断裂	≥20或卷材断裂	≥20或卷材断裂
浸水168 h后粘结剥离强度保持率/%	—	—	≥70

8.1.4 复合防水层分项工程每个检验批的抽检数量，应按照屋面面积每100 m² 抽查一处，每处应为10 m²，且不得少于3处。

8.2 材料要求及施工准备

8.2.1 材料应符合本规程第 6 章和第 7 章的规定。

8.2.2 施工准备应符合本规程第 6 章和第 7 章的规定。

8.3 复合防水层施工

8.3.1 涂膜防水层施工应采用下列工艺流程：

8.3.2 涂膜防水层施工、卷材防水层施工、收头密封及成品保护应分别符合本规程第 6 章和第 7 章的规定。

8.3.3 涂膜防水层固化 24 h 后才能开始卷材施工，在卷材施工时应注意对涂膜的保护。

8.3.4 复合防水层施工完成后，应进行雨后观察或淋水、蓄水试验，具体要求见本规程第 3.0.13 条，合格后方可进行下道工序施工。

8.4 质量标准

Ⅰ 主控项目

8.4.1 复合防水层所用防水材料及其配套材料的质量，应符合设计要求。

检验方法：检查出厂合格证、质量检验报告和进场检验报告。

8.4.2 复合防水层不得有渗漏和积水现象。

检验方法：雨后观察或淋水、蓄水试验。

8.4.3 复合防水层在天沟、檐沟、檐口、水落口、泛水、变形缝和伸出屋面管道的防水构造，应符合设计要求。

检验方法：观察检查。

Ⅱ　一般项目

8.4.4 卷材与涂膜应粘贴牢固，不得有空鼓和分层现象。

检验方法：观察检查。

8.4.5 复合防水层的总厚度应符合设计要求。

检验方法：针测法或取样量测。

9 接缝密封防水工程

9.1 一般规定

9.1.1 密封防水部位的基层应符合下列要求：

1 基层应牢固，表面应平整、密实，不得有裂缝、蜂窝、麻面、起皮和起砂等现象；

2 基层应清洁、干燥，无油污、灰尘；

3 嵌入的背衬材料与接缝壁间不得留有空隙；

4 密封防水部位的基层宜涂刷基层处理剂，涂刷应均匀，不得漏涂。

9.1.2 基层处理剂的配制与施工应符合本规程第 6.1.2 条的规定。

9.1.3 屋面密封防水的接缝宽度宜为 5 mm ~ 30 mm，接缝深度可取接缝宽度的 0.5 ~ 0.7 倍。

9.1.4 接缝处密封材料底部应设置背衬材料，背衬材料宽度应比接缝宽度大 20%，嵌入后预留深度应为密封材料的设计厚度。背衬材料应选择与密封材料不粘结或粘结力弱的材料；采用热灌法施工时，应选用耐热性好的背衬材料。

9.1.5 密封材料嵌填应密实、连续、饱满，应与基层粘接牢固；表面应平滑，缝边应顺直，不得有气泡、孔洞、开裂、剥离等现象。

9.1.6 在嵌填作业时，为防止密封材料的色泽污染两侧外表面，影响作业面的美观性，一般可采用宽度为 20 mm ~ 25 mm 的压敏胶带纸，临时粘贴在接缝两侧平面，起防护作用，施工完毕随即揭去。

9.1.7 接缝部位外露的密封材料上应设置保护层。

9.1.8 密封材料的贮运、保管应符合下列规定：

    1 运输时应防止日晒、雨淋、撞击、挤压；

    2 贮运、保管环境应通风、干燥，防止日光直接照射，并应远离火源、热源，乳胶型密封材料在冬季时应采取防冻措施；

    3 密封材料应按类别、规格分别存放。

9.1.9 接缝密封防水分项工程每个检验批的抽检数量，应按照接缝长度每 50 m 抽查一处，每处应为 5 m，且不得少于 3 处。

9.2 材料要求

9.2.1 材料的外观质量应符合下列要求：

    1 改性石油沥青密封材料应为黑色均匀膏状，无结块和未浸透的填料；

    2 合成高分子密封材料应为均匀膏状物或粘稠液体，无结皮、凝胶或不易分散的固体团状。

9.2.2 材料的物理性能应符合下列要求：

    1 改性石油沥青密封材料主要性能指标应符合表 9.2.2-1 的要求；

表 9.2.2-1 改性石油沥青密封材料主要性能指标

项 目		指 标	
		Ⅰ类	Ⅱ类
耐热性	温度/℃	70	80
	下垂值/mm	≤4.0	
低温柔性	温度/℃	-20	-10
	粘结状态	无裂纹和剥离现象	
拉伸粘结性/%		≥125	
浸水后拉伸粘结性/%		125	
挥发性/%		≤2.8	
施工度/mm		≥22.0	≥20.0

注：产品按耐热度和低温柔性分为Ⅰ类和Ⅱ类。

2 合成高分子密封材料主要性能指标应符合表9.2.2-2的要求。

表 9.2.2-2 合成高分子密封材料主要性能指标

项 目		指 标						
		25LM	25HM	20LM	20HM	12.5E	12.5P	7.5P
拉伸模量/MPa	23 ℃ -20 ℃	≤0.4 和 ≤0.6	>0.4 或 >0.6	≤0.4 和 ≤0.6	>0.4 或 >0.6	-		
定伸粘结性		无破坏				-		
浸水后定伸粘结性		无破坏				-		

项　目	指　　　标						
	25LM	25HM	20LM	20HM	12.5E	12.5P	7.5P
热压冷拉后粘结性	无破坏					—	
拉伸压缩后粘结性	—					无破坏	
断裂伸长率/%	—					≥100	≥20
浸水后断裂伸长率/%	—					≥100	≥20

注：产品按位移能力分为25、20、12.5、7.5四个级别：25级和20级密封材料按拉伸模量分为低模量（LM）和高模量（HM）两个次级别；12.5级密封材料按弹性恢复率分为弹性（E）和塑性（P）两个次级别。

9.3　施工准备

9.3.1　施工前材料应做好下列准备：

1　检查材料的质量证明文件，并依据质量证明文件，核查进场材料的品种、规格、尺寸、包装等。

2　材料的外观质量检验应符合下列要求：

1）所有材料均应进行外观质量检验；

2）外观质量应符合本规程第9.2.1条的要求。

3　材料的物理性能抽样复检应符合下列要求：

1）抽样标准应符合附录B的要求；

2）物理性能的抽检项目应符合附录B的要求，所检项目应符合本规程第9.2.2条的要求。

4 所用材料需经监理单位或建设单位签字同意后才能使用。

9.3.2 施工前应准备下列工器具：

1 常用工具：应包括小平铲、笤帚、钢丝刷、高压吹风机（清理基层）；铁抹子（基层修补、末端收头）；搅拌木棍或电动搅拌器（搅拌材料）；剪刀、嵌缝刮刀；电动或手动挤出枪；加热炉灶、鸭嘴壶、保温桶、温度计、湿度计等。

2 操作人员护具：应包括长袖手套、口罩、软底鞋等。

3 消防器材：应包括灭火器、干砂、铁锹、铁锅盖等。

9.3.3 作业条件，除符合本规程第 3.0.19 条的要求外，尚应符合下列环境气象条件要求：

1 施工环境温度：改性沥青密封材料和溶剂型合成高分子密封材料宜为 0 ℃ ~ 35 ℃；乳胶型及反应型合成高分子密封材料宜为 5 ℃ ~ 35 ℃。

2 雨雪天气不得施工。

3 5 级风及其以上不得施工。

9.4 接缝密封防水施工

9.4.1 接缝密封防水施工应采用下列工艺流程：

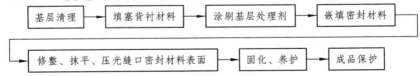

9.4.2 基层清理符合本规程第 6.4.2 条的要求。

9.4.3 填塞背衬材料时应符合下列规定：

1 应选择具有较大变形能力且与密封材料不粘结或粘结力弱的背衬材料。

2 常用背衬材料有泡沫塑料棒、油毡条等，形状有圆形、方形或片状，按实际需要选择。背衬材料的宽度应比接缝宽度大 20%；背衬材料的形状宜优先选择圆形，还有现场喷灌的硬泡聚氨酯泡沫条。

3 填塞背衬材料时，控制顶面高度以保证设计要求的最小接缝深度为准。

9.4.4 涂刷基层处理剂应符合本规程第 6.4.3 条的要求。

9.4.5 嵌填密封材料的方法宜采用热灌法、冷嵌法、挤出法，并应分别符合下列规定：

1 热灌法施工：

1）密封材料熬制及热灌温度，应按不同材料要求严格控制。

2）热灌法施工时，应由下向上进行，并宜减少接头。

3）一般先灌垂直于屋脊的板缝，再灌平行于屋脊的板缝；接缝的纵横交叉处，在灌垂直与屋脊的板缝时，应向平行屋脊缝两侧延伸 150 mm，并留成斜槎。

4）灌注后的密封材料应饱满，顶部略高出缝口，并溢出接缝两侧各 20 mm 左右。

2 冷嵌法施工：

1）冷嵌法施工时，应先将密封材料批刮到缝槽两侧粘结面，再分次填满整个接缝，并用力压嵌密实，使材料与缝壁粘结牢固，防止裹入空气。

2）嵌填中断、接头处应留斜槎。

3）嵌填完毕的密封材料表面应略高于缝口。

3 挤出法施工：

1）应根据接缝的宽度选用口径合适的挤出枪嘴。

2）挤出时应均匀，并由底部逐渐充满整个接缝。

3）挤出时将枪嘴贴近接缝底部，倾斜 30°～45°，以均匀的速度向挤出枪倾倒侧缓慢后移。注意，枪嘴始终不要离开挤出的密封材料内。

4）先充填满一个方向的接缝，然后在已充填密封材料固化前把枪嘴插进接缝交叉部位已填充的密封材料内，充填另一方向接缝。

5）充填到一条接缝的端部 200 mm 左右时，应将枪嘴提起，从端部开始充填并与已填材料碰接，以保证端部密封材料与基层的粘接。

6）充填宜一次完成。

7）充填完毕的密封材料表面应略高于缝口。

9.4.6 施工完成后，在密封材料表干前，应用腻子刀压平、修整接缝，及时消除凹陷、漏填、气泡、孔洞等缺陷，使表面光滑平直。

9.4.7 密封材料施工完毕，应按照要求进行养护。

9.4.8 接缝密封防水的成品保护应符合下列要求：

1 接缝处密封材料在固化、养护过程中须采取措施，避免碰损及污染，固化前禁止踩踏；

2 及时完成接缝密封处顶部保护带施工，避免密封材料长时间直接暴露。

9.5 质量标准

I 主控项目

9.5.1 密封材料及其配套材料的质量，应符合设计要求。

检验方法：检查出厂合格证、质量检验报告和进场检验报告。

9.5.2 密封材料嵌填应密实、连续、饱满，粘结牢固，不得有气泡、开裂、脱落等缺陷。

检验方法：观察检查。

Ⅱ 一般项目

9.5.3 密封防水部位的基层应符合本规程第 9.1.1 条的规定。

检验方法：观察检查。

9.5.4 接缝宽度和密封材料的嵌填深度应符合设计要求，接缝宽度的允许偏差为 ±10%。

检验方法：尺量检查。

9.5.5 嵌填的密封材料表面应平滑，缝边应顺直，应无明显不平和周边污染现象。

检验方法：观察检查。

10 瓦面与板面工程

10.1 一般规定

10.1.1 本章适用于烧结瓦、混凝土瓦、沥青瓦和金属板、玻璃采光顶等分项工程的施工。

10.1.2 瓦材应铺设在钢筋混凝土基层或木基层上，金属板材应铺设在檩条上，玻璃采光顶应铺设在支撑结构上。木质基层、木质檩条、顺水条、挂瓦条等木质构件，均应做防腐、防蛀和防火处理；金属檩条、金属顺水条、金属挂瓦条等钢质构件，均应做防锈处理。

10.1.3 瓦面与板面工程施工前，应根据施工图纸进行深化排瓦或排板设计，确定瓦材及板材的铺装位置。

10.1.4 瓦材或板材与山墙及突出屋面结构的交接处，均应做不小于 250 mm 高的泛水。

10.1.5 在大风及地震设防地区或屋面坡度大于 1:1 时，瓦材应按设计要求采取固定加强措施。

10.1.6 瓦屋面防水等级和防水做法应符合表 10.1.6 的规定。

表 10.1.6 瓦屋面防水等级和防水做法

防水等级	防水做法
I 级	瓦 + 防水层
II 级	瓦 + 防水垫层

10.1.7 金属板屋面防水等级和防水做法应符合表 10.1.7 的规定。

表 10.1.7　金属板屋面防水等级和防水做法

防水等级	防水做法
Ⅰ级	压型金属板+防水垫层
Ⅱ级	压型金属板、金属面绝热夹芯板

注：1　当防水等级为Ⅰ级时，压型铝合金板基板厚度不应小于 0.9 mm，压型铜板基板厚度不应小于 0.6 mm；

2　当防水等级为Ⅰ级时，压型金属板应采用 360° 咬口锁边连接方式；

3　在Ⅰ级屋面防水做法中，仅作压型金属板时，应符合《金属压型板应用技术规范》GB 50896 等相关技术的规定。

10.1.8　防水层的施工应符合本规程第 6、7、8、9 章的相关规定。

10.1.9　防水垫层宜采用自粘聚合物沥青防水垫层、聚合物改性沥青防水垫层，其最小厚度和搭接宽度应符合表 10.1.9 的规定。

表 10.1.9　防水垫层的最小厚度和搭接宽度

防水垫层品种	最小厚度/mm	搭接宽度/mm
自粘聚合物沥青防水垫层	1.0	80
聚合物改性沥青防水垫层	2.0	100

10.1.10　防水垫层的铺设应符合下列要求：

1　防水垫层可采用空铺、满粘或机械固定；

2　防水垫层在瓦屋面构造层次中的位置应符合设计要求；

3　防水垫层宜自下而上平行屋脊铺设；

4　防水垫层应顺流水方向搭接；

5　防水垫层应铺设平整，下道工序施工时，不得损坏已铺设完成的防水垫层。

10.1.11 持钉层的铺设应符合下列规定：

1 屋面无保温层时，木基层或钢筋混凝土基层可作为持钉层。

2 屋面有保温层时，保温层上应按设计要求做细石混凝土持钉层，内配的钢筋网应骑跨屋脊，并应绷直与屋脊和檐口、檐沟部位的预埋锚筋连牢；预埋锚筋穿过防水层或防水垫层时，破损处应进行局部密封处理。

3 水泥砂浆或细石混凝土持钉层可不设分格缝。持钉层与突出屋面结构的交接处应预留 30 mm 宽的缝隙，并用柔性材料填塞。

10.1.12 在满足屋面荷载的前提下，瓦屋面持钉层厚度应符合下列规定：

1 持钉层为木板时，厚度不应小于 20 mm；

2 持钉层为人造板时，厚度不应小于 16 mm；

3 持钉层为细石混凝土时，厚度不应小于 35 mm。

10.1.13 钉固定钉时，应将钉垂直钉入持钉层内，钉穿入细石混凝土或钢筋混凝土持钉层的深度不应小于 20 mm，穿入木质持钉层的深度不应小于 15 mm。

10.1.14 烧结瓦、混凝土瓦的贮运、保管应符合下列要求：

1 烧结瓦、混凝土瓦运输时应轻拿轻放，不得抛扔、碰撞；

2 进入现场后应堆垛整齐。

10.1.15 沥青瓦的贮运、保管应符合下列要求：

1 不同类型、规格的产品应分别堆放；

2 储存温度不应高于 45 ℃，并应平放储存；

3 应避免雨淋、日晒、受潮，并应注意通风和避免接近火源。

10.1.16 金属板的吊运、保管应符合下列要求：

1 金属板应用专用吊具安装，吊装和运输过程中不得损伤金属板材；

2 金属板堆放地点宜选择在安装现场附近，堆放场地应平整坚实且便于排出地面水。

10.1.17 金属面绝热夹芯板的贮运、保管应符合下列要求：

1 夹芯板应采取防雨、防潮、防火措施；

2 夹芯板之间应衬垫隔离，并应分类堆放，避免受压或机械损伤。

10.1.18 玻璃采光顶材料的贮运、保管应符合下列要求：

1 采光顶部件在搬运时应轻拿轻放，严禁发生相互碰撞；

2 采光玻璃在运输中应使用有足够承载力和刚度的专用货架，部件之间用衬垫固定，并相互隔开；

3 采光顶部件应放在专用货架上，存放场地应平整、坚实、通风、干燥，严禁与酸碱等类物质接触。

10.1.19 瓦面与板面工程施工时，必须确保坡向及坡度的正确。

10.1.20 瓦面与板面工程各分项工程每个检验批的抽检数量，应按屋面面积每 100 m² 抽查一处，每处应为 10 m²，且不得少于 3 处。

10.2 材料要求

10.2.1 材料的外观质量应符合下列要求：

1 烧结瓦、混凝土瓦应边缘整齐、表面光滑，不得有分层、裂纹、露砂。

2 沥青瓦应边缘整齐、切槽清晰、厚薄均匀，表面无孔洞、硌伤、裂纹、皱褶及气泡等缺陷。

3 金属板材应边缘整齐、表面光滑，不应有气泡、缩孔、漏涂等缺陷；色泽应均匀，外形应规则，不得有翘曲、脱模和锈蚀等缺陷。

4 采光玻璃应表面平整、洁净，颜色应均匀一致。

10.2.2 材料的物理性能应符合下列要求：

1 烧结瓦主要性能指标应符合表10.2.2-1的要求；

表 10.2.2-1 烧结瓦主要性能指标

项　　目	指　　标	
	有釉类	无釉类
抗弯曲性能/N	平瓦 1 200，波形瓦 1 600	
抗冻性能（15 次冻融循环）	无剥落、掉角、掉棱及裂纹增加现象	
耐急冷急热性（10 次急冷急热循环）	无炸裂、剥落及裂纹延长现象	
吸水率（浸水 24 h）/%	≤10	≤18
抗渗性能（3 h）	—	背面无水滴

2 混凝土瓦主要性能指标应符合表10.2.2-2的要求；

表 10.2.2-2 混凝土瓦主要性能指标

项　　目	指　　标			
	波形瓦		平板瓦	
	覆盖宽度 ≥300 mm	覆盖宽度 ≤200 mm	覆盖宽度 ≥300 mm	覆盖宽度 ≤200 mm
承载力标准值/N	1200	900	1000	800
抗冻性（25 次冻融循环）	外观质量合格，承载力仍不小于标准值			

项　　目	指　　标			
	波形瓦		平板瓦	
	覆盖宽度 ≥300 mm	覆盖宽度 ≤200 mm	覆盖宽度 ≥300 mm	覆盖宽度 ≤200 mm
吸水率 （浸水 24 h）/%	≤10			
抗渗性能（24 h）	背面无水滴			

3 沥青瓦主要性能指标应符合表 10.2.2-3 的要求；

表 10.2.2-3　沥青瓦主要性能指标

项　　目		指　　标
可溶物含量/（g/m²）		平瓦≥1 000；叠瓦≥1 800
拉力/（N/50 mm）	纵向	≥500
	横向	≥400
耐热度/°C		90，无流淌、滑动、滴落、气泡
柔度/°C		10，无裂纹
撕裂强度/N		≥9
不透水性（0.1MPa，30 min）		不透水
人工气候老化（720 h）	外观	无气泡、渗油、裂纹
	柔度	10 °C 无裂纹
自粘胶耐热度	50 °C	发粘
	70 °C	滑动≤2 mm
叠层剥离强度/N		≥20

4 金属面绝热夹芯板主要性能指标应符合表 10.2.2-4 的
要求；

表 10.2.2-4　金属面绝热夹芯板主要性能指标

项目	指标				
	模塑聚苯乙烯夹芯板	挤塑聚苯乙烯夹芯板	硬质聚氨酯夹芯板	岩棉、矿渣棉夹芯板	玻璃棉夹芯板
传热系数/[W/（m²·K）]	≤0.68	≤0.63	≤0.45	≤0.85	≤0.90
粘结强度/MPa	≥0.10	≥0.10	≥0.10	≥0.06	≥0.03
金属面材厚度	彩色涂层钢板基板≥0.5 mm，压型钢板≥0.5 mm				
芯材密度/（kg/m³）	≥18	—	≥38	≥100	≥64
剥离性能	粘结在金属面材上的芯材应均匀分布，并且每个剥离面的粘结面积不应小于 85%				
抗弯承载力	夹芯板挠度为支座间距的 1/200 时，均布荷载不应小于 0.5 kN/m²				
防火性能	芯材燃烧性能按现行国家标准《建筑材料及制品燃烧性能分级》GB 8624 的有关规定分级。岩棉、矿渣棉夹芯板，当夹芯板厚度小于或等于 80 mm 时，耐火极限应大于或等于 30 min；当夹芯板厚度大于 80 mm 时，耐火极限应大于或等于 60 min				

10.3　施工准备

10.3.1　施工前材料应做好下列准备：

1　检查材料的质量证明文件，并依据质量证明文件，核查进场材料的品种、规格、尺寸、包装等。

2 材料的外观质量检验应符合下列要求：

1）所有材料均应进行外观质量检验；

2）外观质量应符合本规程第 10.2.1 条的要求。

3 材料的物理性能抽样复检应符合下列要求：

1）抽样标准应符合附录 B 的要求；

2）物理性能的抽检项目应符合附录 B 的要求，所检项目应符合本规程第 10.2.2 条的要求。

4 所用材料需经监理单位或建设单位签字同意后才能使用。

10.3.2 施工前应准备下列工器具：

1 常用工具：应包括铁锹、墨斗、锤子、灰铲、卷尺等。

2 操作人员护具：应包括长袖手套、口罩、软底鞋等。

3 消防器材：应包括灭火器、干砂、铁锹、铁锅盖等。

4 沥青瓦屋面施工需用工具：应包括弹线包、长短柄刷子、切割刀（剪刀）等。

5 金属板材屋面施工需用工具：应包括手动切割机、电动锁边机、电动扳手、定位扳手、电焊机、手提电钻、拉铆枪、云石锯、钳子、钢丝线、紧丝器、钢丝绳等。

6 玻璃采光顶屋面施工需用工具：应包括玻璃吸盘安装机、手电钻、改锥、电动改锥、玻璃吸盘、电焊机、手动攻丝机、胶枪、电锤、导链等。

10.3.3 作业条件除符合本规程第 3.0.19 条的要求外，尚应符合下列环境气象条件要求：

1 施工环境温度宜为 5 °C ~ 35 °C；

2 雨雪天气不得施工；

3 5 级风及其以上不得施工。

10.4 烧结瓦和混凝土瓦铺装施工

Ⅰ 施工要求

10.4.1 烧结瓦和混凝土瓦铺装施工应采用下列工艺流程：

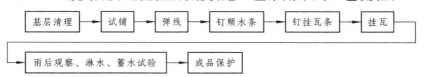

10.4.2 试铺应按照大面及节点分别进行，并由相关单位共同确定铺装效果及铺装方法。

10.4.3 弹线应符合下列规定：

1 无顺水条时，直接在基层上弹挂瓦条位置线。先在距屋脊 30 mm 处弹一平行屋脊的直线，确定最上一条挂瓦条的位置；再在距屋檐 50 mm 处弹一条平行屋脊的直线，确定最下一条挂瓦条的位置；然后根据瓦片和搭盖要求，均分弹出中间部位的挂瓦条位置线。挂瓦条的间距要保证上一层瓦的挡雨檐能将下排瓦的钉条盖住。

2 有顺水条时，先在两山檐边距山墙 50 mm 处各弹一条平行山檐的直线，然后根据两山檐平行线的距离弹顺水条位置线，顺水条间距小于 600 mm，然后按同上方法弹出各挂瓦条的位置线。

10.4.4 钉顺水条：顺水条一般为 30 mm × 25 mm 的木方平铺，铺钉间距不大于 500 mm。要求顺水条表面平整，为上层铺钉挂瓦条提供一个平顺的基层。

10.4.5 钉挂瓦条应符合下列规定：

1 挂瓦条的间距要根据瓦的尺寸和一个坡面的长度经计算确定；

2 檐口第一根挂瓦条，要保证瓦头出檐（或封檐板外）50 mm～70 mm；上下排瓦的瓦头和瓦条的搭扣长度为 50 mm～70 mm；屋脊处两个坡面最上两根挂瓦条，要保证挂瓦后，两个瓦尾的间距在搭盖脊瓦时，脊瓦搭接瓦尾的宽度每边不少于40 mm；

3 挂瓦条截面一般为 30 mm×30 mm，长度一般应不小于三根顺水条间距。挂瓦条必须平直，上棱应成一直线，接头在顺水条上，钉结牢固，不得漏钉，接头要错开，同一顺水条上不得有三个接头；钉置檐口瓦条（或封檐板）时，要比挂瓦条高出 20 mm～30 mm（或重叠钉置一根挂瓦条），以保证檐口第一块瓦与坡面一致平顺。钉挂瓦条一般从檐口开始逐渐向上至屋脊，钉置时，要随时校核挂瓦条的间距尺寸。

10.4.6 挂瓦应符合下列规定：

1 选瓦时，凡缺边、掉角、裂缝、砂眼、翘曲不平、张口缺爪的瓦不得使用。

2 锯瓦时，山墙斜脊、斜沟瓦处应先将整瓦（可选择可用缺边瓦）挂上，按泛水搭盖宽度，在瓦上弹出墨线，编好号码，将每块瓦上多余的瓦面用钢锯锯掉（保证锯边平直），然后按编号次序重新挂好。

3 上瓦要自上而下，两坡同时对称上瓦，严禁单坡上瓦。

4 摆瓦有"条摆"和"堆摆"两种。条摆要求隔三根挂瓦条摆一条瓦，每米约 22 块。堆摆要求一堆 9 块，间距为左右 2 块瓦宽，上下隔 2 根挂瓦条，均匀错开，摆放稳妥。

5 挂瓦时，应拉通长麻线，铺平挂直。应从两坡的檐口同时对称进行，每坡屋面自下而上从左侧山头向右侧山头推进，屋面端头用半瓦错缝。瓦爪要与挂瓦条挂牢，瓦爪与瓦槽要搭扣密合，保证搭接长度。檐口瓦要在瓦上钻孔用镀锌铁丝、铜丝或专用搭扣固定在挂瓦条上。檐口要铺成一条直线，瓦头挂出封檐板 50 mm～70 mm；沟边瓦要伸入天沟、檐沟内 50 mm～70 mm。靠近屋脊处的第一排瓦应用水泥石灰砂浆窝牢，但切忌灰浆突出瓦外，以防止此处渗漏。整坡瓦面应平整，行列横平竖直，无翘角和张口现象。

6 挂平脊瓦和斜脊瓦时，脊瓦间的搭接口和脊瓦与平瓦间的缝隙处，应用水泥砂浆铺坐平实，嵌严刮平，脊瓦与平瓦的搭接每边不少于 40 mm；平脊的接头口应顺主导风向，斜脊的接头口向下（由下向上铺设），平脊与斜脊相交处要用水泥砂浆封严；檐口挂瓦条外用水泥砂浆封实，以防鸟类筑巢以及风雨腐蚀挂瓦条。如瓦屋面为彩色平瓦时，外露的封口水泥砂浆应用相近色泽的涂料抹涂，以保持色泽一致。

10.4.7 烧结瓦和混凝土瓦屋面施工完成后，应进行雨后观察、淋水试验，檐沟、天沟应进行蓄水试验，具体要求见本规程第 3.0.13 条，合格后方可进行下道工序施工。

10.4.8 烧结瓦、混凝土瓦屋面的成品保护应符合下列要求：

1 完工后，应避免屋面受物体冲击；

2 严禁任意上人或堆放物件。

Ⅱ 质量标准——主控项目

10.4.9 瓦材及防水垫层的质量，应符合设计要求。

检验方法：检查出厂合格证、质量检验报告和进场检验报告。

10.4.10 烧结瓦、混凝土瓦屋面不得有渗漏现象。

　　检验方法：雨后观察或淋水试验。

10.4.11 瓦片必须铺置牢固。在大风及地震设防地区或屋面坡度大于1：1时，应按设计要求采取固定加强措施。

　　检验方法：观察或手扳检查。

Ⅲ 质量标准——一般项目

10.4.12 挂瓦条应分档均匀，铺钉应平整、牢固；瓦面应平整，行列应整齐，搭接应紧密，檐口应平直。

　　检验方法：观察检查。

10.4.13 脊瓦应搭盖正确，间距应均匀，封固应严密；正脊和斜脊应顺直，应无起伏现象。

　　检验方法：观察检查。

10.4.14 泛水做法应符合设计要求，并应顺直整齐、结合严密。

　　检验方法：观察检查。

10.4.15 烧结瓦和混凝土瓦铺装的有关尺寸，应符合设计要求。

　　检验方法：尺量检查。

10.5 沥青瓦铺装施工

Ⅰ 施工要求

10.5.1 沥青瓦铺装施工应采用下列工艺流程：

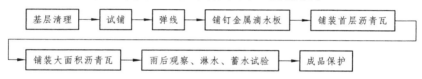

10.5.2 试铺应按照大面及节点分别进行，并由相关单位共同确定铺装效果及铺装方法。

10.5.3 在基层上弹出铺钉沥青瓦的基准线。垂直方向的中心线与屋脊垂直，并处于屋面中心，垂直方向的每一条线之间的距离，应与选用沥青瓦的瓦裙宽相对应，三垂片型为 167 mm，四垂片型为 125 mm。第一条水平线弹在距檐口 333 mm，其余水平线之间的间隔为 142 mm，直至屋脊。使铺贴的每一张沥青瓦顶部与所弹的水平线吻合，侧边与垂直线吻合，以确保沥青瓦铺设整齐（图 10.5.3）。

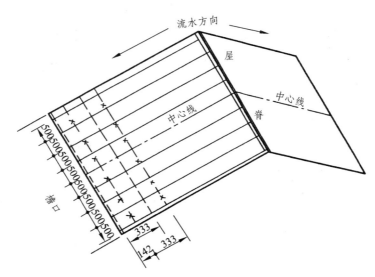

图 10.5.3 屋面弹基准线（四垂片沥青瓦）

10.5.4 铺钉檐口金属滴水板，滴水板应固定在基层上，伸入沥青瓦下宽度不应小于 80 mm，向下延伸长度不应小于 60 mm。

10.5.5 铺装首层沥青瓦，首层瓦由沥青瓦去掉瓦裙切割而成，沿屋面的坡底处直接铺设，有粘接胶的一面朝上，与屋面接触的面涂抹胶粘剂，并用钉固定于基层上，首层瓦应伸出檐口 10 mm。

10.5.6 铺装大面积沥青瓦应符合下列规定：

　　1 沥青瓦用钉固定（木基层），或用水泥钉固定（水泥砂浆或细石混凝土基层）。每片沥青瓦不应少于 4 个钉子固定（三垂片型 4 个钉，四垂片型 5 个钉）。当屋面坡度大于 1.5：1 时，应增加钉数（三垂片型用 6 个钉，四垂片型用 8 个钉）。

　　2 固定钉的钉帽不得外露在沥青瓦表面。

　　3 第一层瓦应与起始层瓦叠合，但瓦切口应向下指向檐口；第二层瓦应压在第一层瓦上且露出瓦切口，但不得超过切口长度。第三层沥青瓦应压在第二层上，并露出切槽瓦裙 142 mm，瓦之间的对缝，上下层应错开，铺偶数层沥青瓦时，沿山墙边应切出半个瓦片，以对齐山墙边沿。相邻两层沥青瓦的拼缝和切口应均匀错开（图 10.5.6-1）。沥青瓦铺贴钉固、粘贴方式（图 10.5.6-2）。

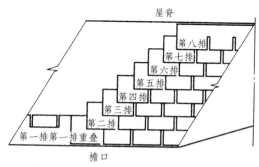

图 10.5.6-1　沥青瓦铺贴错缝搭接

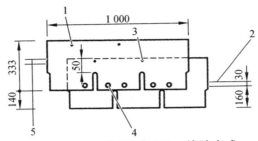

图 10.5.6-2 沥青瓦钉固、粘贴方式

1—固定面层钉子；2—固定底层刷胶带；3—固定底层钉子；4—刷胶点；

5—固定面层刷胶带

  4 脊瓦铺钉时应顺年最大频率风向搭接，并应搭盖住两坡面沥青瓦每边不小于 150 mm；脊瓦与脊瓦的压盖面不应小于脊瓦面积的 1/2。脊瓦应采用满粘加钉的方法铺钉，每片脊瓦用两个钉子固定（图 10.5.6-3）。

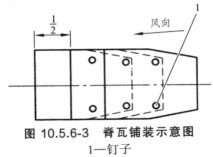

图 10.5.6-3 脊瓦铺装示意图

1—钉子

10.5.7 沥青瓦屋面施工完成后，应进行雨后观察、淋水试验，檐沟、天沟应进行蓄水试验，具体要求见本规程第 3.0.13，合格后方可进行下道工序施工。

10.5.8 沥青瓦屋面的成品保护应符合下列要求：

  1 完工后，应避免屋面受物体冲击；

  2 严禁任意上人或堆放物件。

Ⅱ 质量标准——主控项目

10.5.9 沥青瓦及防水垫层的质量，应符合设计要求。

检验方法：检查出厂合格证、质量检验报告和进场检验报告。

10.5.10 沥青瓦屋面不得有渗漏现象。

检验方法：雨后观察或淋水试验。

10.5.11 沥青瓦铺设应搭接正确，瓦片外露部分不得超过切口长度。

检验方法：观察检查。

Ⅲ 质量标准——一般项目

10.5.12 沥青瓦所用固定钉应垂直钉入持钉层，钉帽不得外露。

检验方法：观察检查。

10.5.13 沥青瓦应与基层粘钉牢固，瓦面应平整，檐口应平直。

检验方法：观察检查。

10.5.14 泛水做法应符合设计要求，并应顺直整齐、结合紧密。

检验方法：观察检查。

10.5.15 沥青瓦铺装的有关尺寸，应符合设计要求。

检验方法：尺量检查。

10.6 金属板铺装施工

Ⅰ 施工要求

10.6.1 金属板屋面施工应采用下列工艺流程：

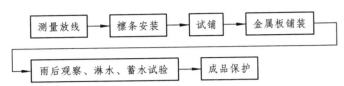

10.6.2 金属板屋面施工应在主体结构和支承结构验收合格后进行。

10.6.3 应根据金属板和檩条的规格以及金属板屋面的深化排版图设计，进行施工测量，放出檩条的安装点，并据此将檩条安装固定。

10.6.4 试铺应按照大面及节点分别进行，并由相关单位共同确定铺装效果及铺装方法。

10.6.5 金属板的铺设应符合下列要求：

1 金属板应挂线铺设，纵横对齐；

2 铺设应从一端开始往另一端、同时向屋脊方向进行；

3 金属板接头应放置檩条的支撑处，避免放置于檩条的跨中。

10.6.6 采用咬口锁边连接时压型金属板的固定应符合下列规定：

1 在檩条上应设置与压型金属板波形相配套的专用固定支座，并应用自攻螺钉与檩条连接；

2 压型金属板应搁置在固定支座上，两片金属板的侧边应确保在风吸力等因素作用下扣合或咬合连接可靠；

3 在大风地区或高度大于 30 m 的屋面，压型金属板应采用 360°咬口锁边连接；

4 大面积屋面和弧状或组合弧状屋面，压型金属板的立边咬合宜采用暗扣直立锁边屋面系统；

5 单坡尺寸过长或环境温差过大的屋面，压型金属板宜采用滑动式支座的 360°咬口锁边连接。

10.6.7 采用紧固件连接时压型金属板的固定应符合下列规定：

1 铺设高波压型金属板时，在檩条上应设置固定支架，固定支架应采用自攻螺钉与檩条连接，连接件宜每波设置一个；

2 铺设低波压型金属板时，可不设固定支架，应在波峰处采用带防水密封胶垫的自攻螺钉与中檩条连接，连接件可每波或隔波设置一个，但每块板不得少于 3 个。

10.6.8 采用紧固件连接时金属面绝热夹芯板的固定应符合下列规定：

1 应采用屋面板压盖和带防水密封胶垫的自攻螺钉，将夹芯板固定在檩条上；

2 夹芯板的纵向搭接应位于檩条处，每块板的支座宽度不应小于 50 mm，支承处宜采用双檩或檩条一侧加焊通长角钢；

3 夹芯板的纵向搭接应顺流水方向，纵向搭接长度不应小于 200 mm，搭接部位均应设置防水密封胶带，并应用拉铆钉连接；

4 夹芯板的横向搭接方向宜与主导风向一致，搭接尺寸应按具体板型确定，连接部位均应设置防水密封胶带，并应用拉铆钉连接。

10.6.9 压型金属板和金属面绝热夹芯板的外露自攻螺钉、拉铆钉，均应采用硅酮耐候密封胶密封。

10.6.10 固定支座应选用与支承构件相同材质的金属材料。当选用不同材质金属材料并易产生电化学腐蚀时，固定支座与支承构件之间应采用绝缘垫片或采取其他防腐蚀措施。

10.6.11 金属板的搭接应符合下列规定：

1 压型金属板的纵向搭接应位于檩条处，搭接端应与檩条有可靠的连接，搭接部位应设置防水密封胶带。压型金属板的纵向最小搭接长度应符合表10.6.11的规定。

表10.6.11 压型金属板的纵向最小搭接长度

压型金属板		纵向最小搭接长度/mm
高波压型金属板		350
低波压型金属板	屋面坡度≤10%	250
	屋面坡度>10%	200

2 压型金属板的横向搭接方向宜与主导风向一致，搭接不应小于一个波，搭接部位应设置防水密封胶带。搭接处用连接件紧固时，连接件应采用带防水密封胶垫的自攻螺钉设置在波峰上。

3 当在多维曲面上雨水可能翻越金属板板肋横流时，金属板的纵向搭接应顺流水方向。

10.6.12 金属板铺装过程中应对金属板采取临时固定措施，当天就位的金属板材应及时连接固定。

10.6.13 金属板安装应平整、顺滑，板面不应有施工残留物；檐口线、屋脊线应顺直，不得有起伏不平现象。

10.6.14 金属板的伸缩变形除应满足咬口锁边连接或紧固件连接的要求外，还应满足檩条、檐口及天沟等使用要求，且金属板最大伸缩变形量不应超过100 mm。

10.6.15 金属板在主体结构的变形缝处宜断开，变形缝上部应加扣带伸缩的金属盖板，金属屋脊盖板在两坡面金属板上的搭盖宽度不应小于250 mm。

10.6.16 金属板屋面施工完成后，应进行雨后观察、淋水试验，檐沟、天沟应进行蓄水试验，具体要求见本规程第 3.0.13，合格后方可进行下道工序施工。

10.6.17 金属板屋面的成品保护应符合下列要求：

1 金属板屋面完工后，应避免屋面受物体冲击；

2 不宜对金属面板进行焊接、开孔等作业；

3 不让油污及腐蚀性物质污染板面；

4 严禁任意上人或堆放物件。

Ⅱ 质量标准——主控项目

10.6.18 金属板材及辅助材料的质量，应符合设计要求。

检验方法：检查出厂合格证、质量检验报告和进场检验报告。

10.6.19 金属板屋面不得有渗漏现象。

检验方法：雨后观察或淋水试验。

Ⅲ 质量标准——一般项目

10.6.20 金属板铺装应平整、顺滑；排水坡度应符合设计要求。

检验方法：坡度尺检查。

10.6.21 压型金属板的咬口锁边连接应严密、连续、平整，不得扭曲和裂口。

检验方法：观察检查。

10.6.22 压型金属板的紧固件连接应采用带防水垫圈的自攻螺钉，固定点应设在波峰上；所有自攻螺钉外露的部位均应密封处理。

检验方法：观察检查。

10.6.23 金属面绝热夹芯板的纵向和横向搭接，应符合设计要求。

检验方法：观察检查。

10.6.24 金属板的屋脊、檐口、泛水，直线段应顺直，曲线段应顺畅。

检验方法：观察检查。

10.6.25 金属板材铺装的允许偏差和检验方法，应符合表10.6.25的规定。

表 10.6.25　金属板铺装的允许偏差和检验方法

项　　目	允许偏差/mm	检验方法
檐口与屋脊的平等度	15	拉线和尺量检查
金属板对屋脊的垂直度	单坡长度的1/800，且不大于25	
金属板咬缝的平整度	10	
檐口相邻两板的端部错位	6	
金属板铺装的有关尺寸	符合设计要求	尺量检查

10.7　玻璃采光顶铺装施工

I　施工要求

10.7.1 玻璃采光顶铺装施工应采用下列工艺流程：

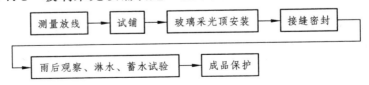

10.7.2 玻璃采光顶施工应在主体结构和支承结构验收合格后进行。

10.7.3 应根据玻璃采光顶的设计分格要求进行测量放线，确定采光顶各分格点的空间定位；玻璃采光顶的施工测量应与主体结构测量相配合，测量偏差应及时调整，不得积累。施工过程中应定期对采光顶的安装定位基准点进行校核。

10.7.4 玻璃采光顶的支承构件、玻璃组件及附件，其材料的品种、规格、色泽和性能应符合设计要求和技术标准的规定。

10.7.5 框支承玻璃采光顶的安装施工应符合下列要求：

1 支承结构应按顺序安装，采光顶框架组件安装就位、调整后应及时紧固，不同金属材料的接触面应采用隔离材料；

2 采光顶的周边封堵收口、屋脊处压边收口、支座处封口处理，均应铺设平整且可靠固定；

3 采光顶天沟、排水槽、通气槽及雨水排出口等细部构造应符合设计要求；

4 装饰压板应顺流水方向设置，表面应平整，接缝应符合设计要求。

10.7.6 点支承玻璃采光顶的安装施工应符合下列要求：

1 钢桁架及网架结构安装就位、调整后应及时紧固，钢索杆结构的拉索、拉杆预应力施加应符合设计要求；

2 采光顶应采用不锈钢驳接组件装配，爪件安装前应精确定出其安装位置；

3 玻璃宜采用机械吸盘安装，并应采取必要的安全措施；

4 玻璃接缝应采用硅酮耐候密封胶；

5 中空玻璃钻孔周边应采取多道密封措施。

10.7.7 明框玻璃组件组装应符合下列规定：

1 玻璃与构件槽口的配合应符合设计要求和技术标准的规定；

2 玻璃四周密封胶条的材质、型号应符合设计要求，镶嵌应平整、密实，胶条的长度宜大于边框内槽口长度 1.5% ~ 2.0%，胶条在转角处应斜面断开，并应用粘结剂粘接牢固；

3 组件中的导气孔及排水孔设置应符合设计要求，组装时应保证孔道通畅；

4 明框玻璃组件应拼装严密，框缝密封应采用硅酮耐候密封胶。

10.7.8 隐框及半隐框玻璃组件组装应符合下列规定：

1 玻璃及框料粘结表面的尘埃、油渍和其他污物，应分别使用带溶剂的擦布和干擦布清除干净，并应在清洁 1 h 内嵌填密封胶；

2 所用的结构粘结材料应采用硅酮结构密封胶，其性能应符合现行国家标准《建筑用硅酮结构密封胶》GB 16776 的有关规定；硅酮结构密封胶应在有效期内使用；

3 硅酮结构密封胶应嵌填饱满，并应在温度 15 ℃ ~ 30 ℃、相对湿度 50% 以上、洁净的室内进行，不得在现场嵌填；

4 硅酮结构密封胶的粘接宽度和厚度应符合设计要求，胶缝表面应平整光滑，不得出现气泡；

5 硅酮结构密封胶固化期间，组件不得长期处于单独受力状态。

10.7.9 玻璃接缝密封胶的施工应符合下列要求：

1 玻璃接缝密封应采用硅酮耐候密封胶，其性能应符合现行行业标准《幕墙玻璃接缝用密封胶》JC/T 882 的有关规定，密封胶的级别和模具应符合设计要求；

2 密封胶的嵌直应密实、连续、饱满，胶缝应平整光滑、缝边顺直；

3 玻璃间的接缝宽度和密封胶的嵌胶深度应符合设计要求；

4 不宜在夜晚、雨天嵌填密封胶，嵌填温度应符合产品说明书规定，嵌填密封胶的基面应清洁、干燥。

10.7.10 玻璃采光顶施工完毕，应进行雨后观察、淋水试验，檐沟、天沟应进行蓄水试验，具体要求见本规程第 3.0.13，合格后方可进行下道工序施工。

10.7.11 玻璃采光顶的成品保护应符合下列要求：

1 对玻璃采光顶构件、面板等，应采取保护措施，不得发生变形、变色、污染等现象。

2 玻璃采光顶施工中其表面的粘附物应及时清除。

3 玻璃采光顶完成后应制定清洁方案，清扫时应避免损伤表面。

4 清洗玻璃采光顶时，清洁剂应符合要求，不得产生腐蚀和污染。

Ⅱ 质量标准——主控项目

10.7.12 采光顶玻璃及其配套材料的质量，应符合设计要求。

检验方法：检查出厂合格证和质量检验报告。

10.7.13 玻璃采光顶不得有渗漏现象。

检验方法：雨后观察或淋水试验。

10.7.14 硅酮耐候密封胶的打注应密实、连续、饱满，粘结应牢固，不得有气泡、开裂、脱落等缺陷。

检验方法：观察检查。

Ⅲ 质量标准——一般项目

10.7.15 玻璃采光顶铺装应平整、顺直；排水坡度应符合设计要求。

检验方法：观察和坡度尺检查。

10.7.16 玻璃采光顶的冷凝水收集和排除构造，应符合设计要求。

检验方法：观察检查。

10.7.17 明框玻璃采光顶的外露金属框或压条应横平竖直，压条安装应牢固；隐框玻璃采光顶的玻璃分格拼缝应横平竖直，均匀一致。

检验方法：观察和手扳检查。

10.7.18 点支承玻璃采光顶的支承装置应安装牢固，配合应严密；支承装置不得与玻璃直接接触。

检验方法：观察检查。

10.7.19 采光顶玻璃的密封胶缝应横平竖直，深浅应一致，宽窄应均匀，应光滑顺直。

检验方法：观察检查。

10.7.20 明框玻璃采光顶铺装的允许偏差和检验方法，应符合表 10.7.20 的规定。

表 10.7.20　明框玻璃采光顶铺装的允许偏差和检验方法

项　目		允许偏差/mm		检验方法
		铝构件	钢构件	
通长构件水平度（纵向或横向）	构件长度≤30 m	10	15	水准仪检查
	构件长度≤60 m	15	20	
	构件长度≤90 m	20	25	
	构件长度≤150 m	25	30	
	构件长度＞150 m	30	35	

项　目		允许偏差/mm		检验方法
		铝构件	钢构件	
单一构件直线度（纵向或横向）	构件长度≤2 m	2	3	拉线和尺量检查
	构件长度>2 m	3	4	
相领构件平面高低差		1	2	直尺和塞尺检查
通长构件直线度（纵向或横向）	构件长度≤35 m	5	7	经纬仪检查
	构件长度>35 m	7	9	
分格框对角线差	构件长度≤2 m	3	4	尺量检查
	构件长度>2 m	3.5	5	

10.7.21 隐框玻璃采光顶铺装的允许偏差和检验方法，应符合表 10.7.21 的规定。

表 10.7.21　隐框玻璃采光顶铺装的允许偏差和检验方法

项　目		允许偏差/mm	检验方法
通长接缝水平度（纵向或横向）	接缝长度≤30 m	10	水准仪检查
	接缝长度≤60 m	15	
	接缝长度≤90 m	20	
	接缝长度≤150 m	25	
	接缝长度>150 m	30	
相邻板块的平面高低差		1	直尺和塞尺检查
相邻板块的接缝直线度		2.5	拉线和尺量检查
通长接缝垂直度（纵向或横向）	接缝长度≤35 m	5	经纬仪检查
	接缝长度>35 m	7	
玻璃间接缝宽度（与设计尺寸比）		2	尺量检查

10.7.22 点支承玻璃采光顶铺装的允许偏差和检验方法，应符合表 10.7.22 的规定。

表 10.7.22　点支承玻璃采光顶铺装的允许偏差和检验方法

项　　目		允许偏差/mm	检验方法
通长接缝水平度（纵向或横向）	接缝长度 ≤ 30 m	10	水准仪检查
	接缝长度 ≤ 60 m	15	
	接缝长度 > 60 m	20	
相邻板块的平面高低差		1	直尺和塞尺检查
相邻板块的接缝直线度		2.5	拉线和尺量检查
通长接缝垂直度（纵向或横向）	接缝长度 ≤ 35 m	5	经纬仪检查
	接缝长度 > 35 m	7	
玻璃间接缝宽度（与设计尺寸比）		2	尺量检查

11 细部构造工程

11.1 一般规定

11.1.1 本章适用于檐口、檐沟和天沟、女儿墙和山墙、水落口、变形缝、伸出屋面管道、屋面出入口、反梁过水孔、设施基座、屋脊、屋顶窗等分项工程的施工。

11.1.2 细部构造所使用卷材、涂料和密封材料的质量应符合设计要求，相邻材料之间应具有相容性。

11.1.3 找平层与突出屋面结构（女儿墙、山墙、天窗壁、变形缝、烟囱等）的交接处，以及基层的转角处（水落口、檐口、天沟、檐沟、屋脊等），均应做成圆弧，做法应符合表 4.4.12 的规定。

11.1.4 檐口、檐沟外侧下端及女儿墙压顶内侧下端等部位均应作滴水处理，滴水槽宽度和深度不宜小于 10 mm。

11.1.5 防水卷材的收头密封应符合本规程第 6.1.10 条的要求；涂膜的收头密封符合本规程第 7.1.4 条的要求。

11.1.6 细部构造工程施工完成后，应进行雨后观察或淋水、蓄水试验，具体要求见本规程第 3.0.13 条，合格后方可进行下道工序施工。

11.1.7 细部构造工程各分项工程的每个检验批应全数进行检验。

11.2 檐口

11.2.1 卷材、涂膜防水屋面檐口细部构造如图 11.2.1，并应

符合下列规定:

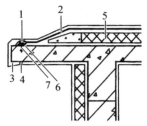

图 11.2.1 卷材、涂膜防水屋面檐口

1—密封材料（卷材）；2—卷材（涂膜）防水层；3—鹰嘴；4—滴水槽；
5—保温层；6—金属压条（卷材）；7—水泥钉（卷材）

1 无组织排水檐口 800 mm 范围内的卷材应采用满粘法，卷材收头应固定密封；

2 无组织排水檐口的涂膜防水层收头，应用防水涂料多遍涂刷；

3 檐口下端应按照本规程 11.1.4 做滴水处理。

11.2.2 烧结瓦、混凝土瓦屋面檐口细部构造如图 11.2.2-1、图 11.2.2-2，沥青瓦屋面檐口细部构造如图 11.2.2-3，并应符合下列规定：

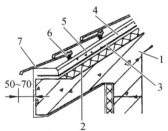

图 11.2.2-1 烧结瓦、混凝土瓦屋面檐口（一）

1—结构层；2—保温层；3—防水层或防水垫层；4—持钉层；
5—顺水条；6—挂瓦条；7—烧结瓦或混凝土瓦

114

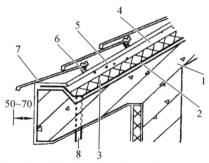

图 11.2.2-2 烧结瓦、混凝土瓦屋面檐口（二）

1—结构层；2—保温层；3—防水层或防水垫层；4—持钉层；
5—顺水条；6—挂瓦条；7—烧结瓦或混凝土瓦；8—泄水管

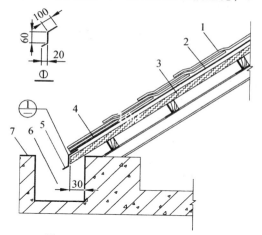

图 11.2.2-3 沥青瓦屋面檐口

1—沥青瓦；2—防水层或防水垫层；3—屋面板；4—初始层沥青瓦下满
涂粘结胶；5—金属滴水板；6—屋面天沟；7—天沟防水层

 1 烧结瓦、混凝土瓦屋面的瓦头挑出封檐的长度宜为
50 mm ~ 70 mm；

 2 沥青瓦屋的瓦头挑出檐口的长度宜为 10 mm ~ 20 mm；金

属滴水板应固定在基层上，伸入沥青瓦下宽度不应小于80 mm，向下延伸长度不应小于60 mm。

11.2.3 金属板材屋面檐口细部构造如图 11.2.3，并应符合下列规定：

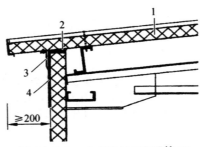

图 11.2.3 金属板材屋面檐口
1—金属板；2—通长密封条；3—金属压条；4—金属封檐板

1 金属板材屋面檐口挑出的长度不应小于 200 mm；

2 金属屋面板与墙板交接处应设置金属封檐板和压条。

Ⅰ 主控项目

11.2.4 檐口的防水构造应符合设计要求。

检验方法：观察检查。

11.2.5 檐口的排水坡度应符合设计要求；檐口部位不得有渗漏和积水现象。

检验方法：坡度尺检查和雨后观察或淋水试验。

Ⅱ 一般项目

11.2.6 檐口 800 mm 范围内的卷材应满粘。

检验方法：观察检查。

11.2.7 卷材收头应在找平层的凹槽内用金属压条钉压固定，并应用密封材料封严。

检验方法：观察检查。

11.2.8 涂膜收头应用防水涂料多遍涂刷。

检验方法：观察检查。

11.2.9 檐口端部应抹聚合物水泥砂浆，其下端应做成鹰嘴和滴水槽。

检验方法：观察检查。

11.3 檐沟和天沟

11.3.1 卷材、涂膜防水屋面檐沟和天沟细部构造如图11.3.1-1、图 11.3.1-2 和图 11.3.1-3，并应符合下列规定：

1 天沟、檐沟与屋面交接处应增铺附加层，附加层宜空铺，空铺宽度不应小于 300 mm；

2 天沟、檐沟卷材收头应固定密封。

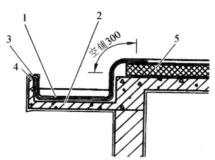

图 11.3.1-1 屋面檐沟、天沟卷材防水

1—卷材防水层；2—附加层；3—水泥钉；4—密封材料；5—保温层

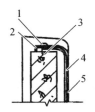

图 11.3.1-2　檐沟、天沟卷材收头

1—金属压条；2—密封材料；3—水泥钉；4—防水层；5—附加层

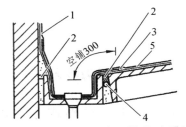

空铺300

图 11.3.1-3　屋面天沟、檐沟涂膜防水

1—涂膜防水层；2—密封材料；3—有胎体增强材料的附加层；
4—背衬材料

11.3.2　烧结瓦和混凝土瓦屋面檐沟和天沟细部构造（图 11.3.2），并应符合下列规定：

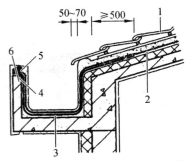

50~70　≥500

图 11.3.2　烧结瓦、混凝土瓦屋面檐沟

1—烧结瓦或混凝土瓦；2—防水层或防水垫层；3—附加层；
4—水泥钉；5—金属压条；6—密封材料

1 天沟、檐沟与屋面交接处应增铺附加层，附加层深入屋面的宽度不应小于 500 mm。

2 檐沟和天沟防水层深入瓦内的宽度不应小于 150 mm，并应与屋面防水层或防水垫层顺流水方向搭接。

3 檐沟防水层和附加层应由沟底翻上至外侧顶部，卷材收头应用金属压条钉压，并应用密封材料封严。涂膜收头应用防水涂料多遍涂刷。

4 烧结瓦、混凝土瓦伸入檐沟、天沟内的长度，宜为 50 mm ~ 70 mm。

11.3.3 沥青瓦屋面檐沟和天沟细部构造如图 11.3.3，并应符合下列规定：

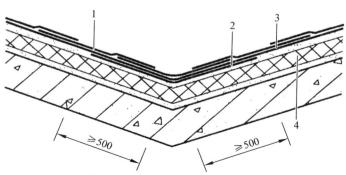

图 11.3.3 沥青瓦屋面天沟

1—沥青瓦；2—附加层；3—防水层或防水垫层；4—保温层

1 檐沟防水层下应增设附加层，附加层深入屋面的宽度不应小于 500 mm；

2 檐沟防水层深入瓦内的宽度不应小于 150 mm，并应与屋面防水层或防水垫层顺流水方向搭接；

3 檐沟防水层和附加层应由沟底翻上至外侧顶部，卷材收头应用金属压条钉压，并应用密封材料封严，涂膜收头应用防水涂料多遍涂刷；

    4 沥青瓦深入檐沟内的长度宜为 10 mm ~ 20 mm；

    5 天沟采用搭接式或编织式铺设时，沥青瓦下应增设不小于 1000 mm 宽的附加层；

    6 天沟采用开敞式铺设时，在防水层或防水垫层上应铺设厚度不小于 0.45 mm 的防锈金属板材，沥青瓦与金属板材应顺水流方向搭接，搭接缝应用沥青基胶结材料粘结，搭接宽度不应小于 100 mm。

Ⅰ 主控项目

11.3.4 檐沟、天沟的防水构造应符合设计要求。

    检验方法：观察检查。

11.3.5 檐沟、天沟的排水坡度应符合设计要求；沟内不得有渗水和积水现象。

    检验方法：坡度尺检查和雨后观察或淋水、蓄水试验。

Ⅱ 一般项目

11.3.6 檐沟、天沟附加层铺设应符合设计要求。

    检验方法：观察和尺量检查。

11.3.7 檐沟防水层应由沟底翻上至外侧顶部，卷材收头应用金属压条钉压固定，并应用密封材料封严；涂膜收头应用防水涂料多遍涂刷。

    检验方法：观察检查。

11.3.8 檐沟外侧顶部及侧面均应抹聚合物水泥砂浆，其下端应做成鹰嘴或滴水槽。

检验方法：观察检查。

11.4 女儿墙和山墙

11.4.1 卷材、涂膜防水屋面低女儿墙的细部构造如图 11.4.1，并应符合下列规定：

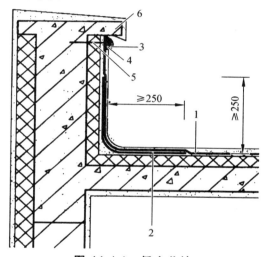

图 11.4.1 低女儿墙

1—防水层；2—附加层；3—密封材料；4—金属压条；
5—水泥钉；6—压顶

1 女儿墙压顶可采用混凝土或金属制品。压顶向内排水坡度不应小于 5%，压顶内侧下端应作滴水处理。

2 女儿墙泛水处的防水层下应增设附加层，附加层在平面和立面的宽度均不应小于 250 mm。

3 铺贴泛水处的卷材应采用满粘法。

4 卷材、涂膜防水层可直接施工至女儿墙压顶下进行收头密封，压顶应做防水处理。

  5 泛水宜采取隔热防晒措施，可在泛水卷材面砌砖后抹水泥砂浆或浇筑细石混凝土保护，也可采用涂刷浅色涂料或粘贴铝箔保护。

11.4.2 卷材、涂膜防水屋面高女儿墙及山墙细部构造如图11.4.2，并应符合下列规定：

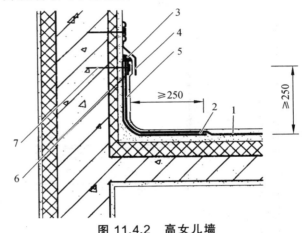

图 11.4.2 高女儿墙

1—防水层；2—附加层；3—密封材料；4—金属盖板；
5—保护层；6—金属压条；7—水泥钉

  1 高女儿墙及山墙泛水高度不应小于250 mm，附加层的宽度不应小于250 mm；

  2 防水层收头密封应符合本规程第11.1.5条的要求，泛水上部的墙体应作防水处理；

  3 泛水上部应设金属盖板。

11.4.3 烧结瓦、混凝土瓦、沥青瓦屋面山墙细部构造如图11.4.3-1、图11.4.3-2，并应符合下列规定：

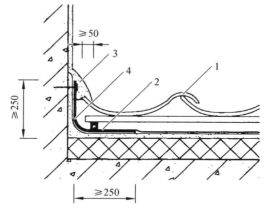

图 11.4.3-1 烧结瓦、混凝土瓦屋面山墙
1—烧结瓦或混凝土瓦；2—防水层或防水垫层；
3—聚合物水泥砂浆；4—附加层

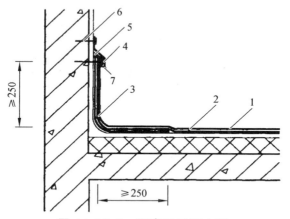

图 11.4.3-2 沥青瓦屋面山墙
1—沥青瓦；2—防水层或防水垫层；3—附加层；4—金属盖板；
5—密封材料；6—水泥钉；7—金属压条

1 泛水高度不应小于 250 mm；

2 山墙泛水的防水层应增设附加层，附加层在平面和立面的宽度不应小于 250 mm；

3 烧结瓦、混凝土瓦屋面山墙泛水应采用聚合物水泥砂浆抹成，侧面瓦伸入泛水的宽度不应小于 50 mm；

4 沥青瓦屋面山墙泛水应采用沥青基胶粘材料满粘一层沥青瓦片，防水层收头密封应符合本规程第 11.1.5 条的要求，沥青瓦收头应用金属压条钉压固定并应用密封材料封严。

11.4.4 金属板屋面山墙细部构造如图 11.4.4，并应符合下列规定：

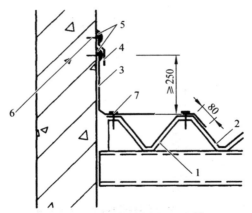

图 11.4.4 金属板屋面山墙

1—固定支架；2—压型金属板；3—金属泛水板；4—金属盖板；
5—密封材料；6—水泥钉；7—拉铆钉

1 金属板屋面山墙泛水应铺钉厚度不小于 0.45 mm 的金属泛水板，并应顺流水方向搭接；

2 金属泛水板与墙体的搭接高度不应小于 250 mm，与压型金属板的搭盖宽度宜为 1 波 ~ 2 波，并应在波峰处用拉铆钉连接。

Ⅰ 主控项目

11.4.5 女儿墙和山墙的防水构造应符合设计要求。

检验方法：观察检查。

11.4.6 女儿墙和山墙的压顶向内排水坡度不应小于 5%，压顶内侧下端应做成鹰嘴或滴水槽。

检验方法：观察和坡度尺检查。

11.4.7 女儿墙和山墙的根部不得有渗漏和积水现象。

检验方法：雨后观察或淋水试验。

Ⅱ 一般项目

11.4.8 女儿墙和山墙的泛水高度及附加层铺设应符合设计要求。

检验方法：观察和尺量检查。

11.4.9 女儿墙和山墙的卷材应满粘，卷材收头应用金属压条钉压固定，并应用密封材料封严。

检验方法：观察检查。

11.4.10 女儿墙和山墙的涂膜应直接涂刷至压顶下，涂膜收头应用防水涂料多遍涂刷。

检验方法：观察检查。

11.5 水落口

11.5.1 横式水落口细部构造如图 11.5.1-1，直式水落口细部构造如图 11.5.1-2，并应符合下列规定：

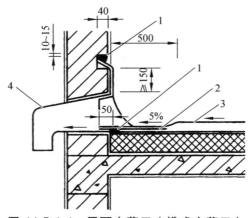

图 11.5.1-1 屋面水落口（横式水落口）
1—密封材料；2—附加层；3—卷材防水层；4—水落口

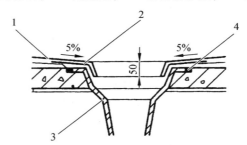

图 11.5.1-2 屋面水落口（直式水落口）
1—卷材防水层；2—附加层；3—水落口；4—密封材料

 1 水落口可采用塑料或金属制品，水落口的金属配件均应作防锈处理；

 2 水落口杯应牢固地固定在承重结构上，其埋设标高应考虑水落口设防时增加的附加层和柔性密封层的厚度及排水坡度加大的尺寸；

3 防水层和附加层伸入水落口杯内不应小于 50 mm，并应粘结牢固；

4 水落口周围直径 500 mm 范围内坡度不应小于 5%，并应增设涂膜附加层。

Ⅰ 主控项目

11.5.2 水落口的防水构造应符合设计要求。

检验方法：观察检查。

11.5.3 水落口杯上口应设在沟底的最低处；水落口处不得有渗漏和积水现象。

检验方法：雨后观察或淋水、蓄水试验。

Ⅱ 一般项目

11.5.4 水落口的数量和位置应符合设计要求；水落口杯应安装牢固。

检验方法：观察和手扳检查。

11.5.5 水落口周围直径 500 mm 范围内坡度不应小于 5%，水落口周围的附加层铺设应符合设计要求。

检验方法：观察和尺量检查。

11.5.6 防水层及附加层伸入水落口杯内不应小于 50 mm，并应粘结牢固。

检验方法：观察和尺量检查。

11.6 变形缝

11.6.1 高低屋面变形缝细部构造如图 11.6.1，并应符合下列规定：

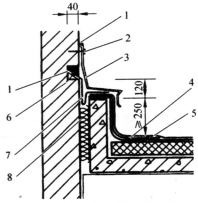

图 11.6.1　高低屋面变形缝
1—密封材料；2—金属压条水泥钉固定；3—金属板材或合成高分子卷材；
4—附加层；5—卷材防水层；6—水泥钉；
7—卷材封盖；8—泡沫塑料

1 变形缝泛水处的防水层下应增设附加层，附加层在平面和立面的宽度不应小于 250 mm；防水层应铺贴或涂刷至泛水墙的顶部。

2 变形缝内应预填不燃保温材料，上部应采用防水卷材封盖，并放置衬垫材料，再在其上干铺一层卷材。

3 高低跨变形缝在立墙泛水处，应采用有足够变形能力的材料和构造做密封处理。

11.6.2 等高屋面变形缝细部构造如图 11.6.2，并应符合下列规定：

1 等高变形缝顶部宜加扣混凝土或金属盖板；

2 变形缝内应填充泡沫塑料，其上放衬垫材料，并用卷材封盖。

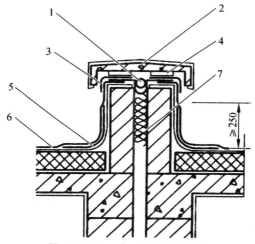

图 11.6.2 等高屋面变形缝

1—衬垫材料；2—混凝土盖板；3—卷材封盖；4—水泥砂浆；
5—附加层；6—卷材防水层；7—泡沫塑料

Ⅰ 主控项目

11.6.3 变形缝的防水构造应符合设计要求。

检验方法：观察检查。

11.6.4 变形缝处不得有渗漏和积水现象。

检验方法：雨后观察或淋水试验。

Ⅱ 一般项目

11.6.5 变形缝的泛水高度及附加层铺设应符合设计要求。

检验方法：观察和尺量检查。

11.6.6 防水层应铺贴或涂刷至泛水墙的顶部。

检验方法：观察检查。

11.6.7 等高变形缝顶部宜加扣混凝土或金属盖板。混凝土盖板的接缝应用密封材料封严；金属盖板应铺钉牢固，搭接缝应顺流水方向，并应做好防锈处理。

检验方法：观察检查。

11.6.8 高低跨变形缝在高跨墙面上的防水卷材封盖和金属盖板，应用金属压条钉压固定，并应用密封材料封严。

检验方法：观察检查。

11.7 伸出屋面管道

11.7.1 一般伸出屋面管道细部构造如图 11.7.1，并应符合下列规定：

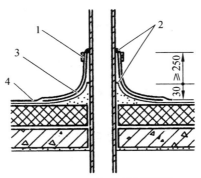

图 11.7.1 伸出屋面管道
1—金属盖；2—密封材料；3—附加层；4—卷材防水层

1 管道周围的找平层应做成圆锥台，高度不小于 30 mm；

2 管道泛水处的防水层下应增设附加层，附加层在平面和立面的宽度不应小于 250 mm；

3 管道泛水处的防水层高度不应小于 250 mm；

130

4 卷材收头应用金属箍紧固和密封材料封严，涂膜收头应用防水涂料多遍涂刷；

5 管道周边附加层高度范围内管道外表宜拉毛处理。

11.7.2 烧结瓦、混凝土瓦屋面烟囱细部构造如图 11.7.2，并应符合下列规定：

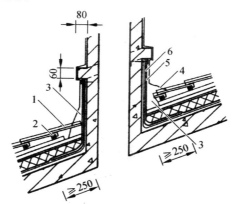

图 11.7.2 烧结瓦、混凝土瓦屋面烟囱

1—烧结瓦或混凝土瓦；2—挂瓦条；3—聚合物水泥砂浆泛水；
4—分水线；5—防水层或防水垫层；6—附加层

1 烟囱泛水处的防水层或防水垫层下应增设附加层，附加层在平面和立面的宽度不应小于 250 mm；

2 屋面烟囱泛水应采用聚合物水泥砂浆抹成；

3 烟囱与屋面的交接处，应在迎水面中抹出分水线，并应高出两侧各 30 mm。

Ⅰ 主控项目

11.7.3 伸出屋面管道的防水构造应符合设计要求。

检验方法：观察检查。

11.7.4 伸出屋面管道根部不得有渗漏和积水现象。

检验方法：雨后观察或淋水试验。

Ⅱ 一般项目

11.7.5 伸出屋面管道的泛水高度及附加层铺设，应符合设计要求。

检验方法：观察和尺量检查。

11.7.6 伸出屋面管道周围的找平层应抹出高度不小于30 mm 的排水坡。

检验方法：观察和尺量检查。

11.7.7 卷材防水层收头应用金属箍固定，并应用密封材料封严；涂膜防水层收头应用防水涂料多遍涂刷。

检验方法：观察检查。

11.8 屋面出入口

11.8.1 屋面垂直出入口细部构造如图11.8.1，并应符合下列规定：

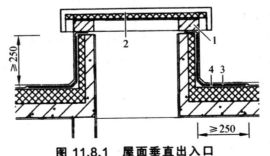

图 11.8.1 屋面垂直出入口
1—混凝土压顶圈；2—上人孔盖；3—防水层；4—附加层

1 屋面垂直出入口泛水处应增加附加层，附加层在平面和立面的宽度不应小于 250 mm；

2 防水层收头应压在混凝土压顶圈下。

11.8.2 屋面水平出入口细部构造如图 11.8.2，并应符合下列规定：

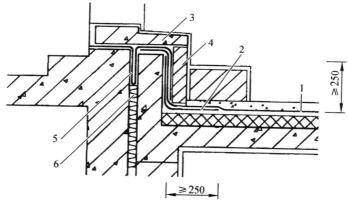

图 11.8.2　屋面水平出入口
1—防水层；2—附加层；3—踏步；4—护墙；
5—防水卷材封盖；6—不燃保温材料

1 屋面水平出入口防水处应增加附加层和护墙，附加层在平面上的宽度不应小于 250 mm；

2 防水层收头应压在混凝土踏步下，防水层的泛水应设护墙。

I　主控项目

11.8.3 屋面出入口的防水构造应符合设计要求。

检验方法：观察检查。

11.8.4 屋面出入口处不得有渗漏和积水现象。

检验方法：雨后观察或淋水试验。

Ⅱ 一般项目

11.8.5 屋面垂直出入口防水层收头应压在压顶圈下，附加层铺设应符合设计要求。

检验方法：观察检查。

11.8.6 屋面水平出入口防水层收头应压在混凝土踏步下，附加层铺设和护墙应符合设计要求。

检验方法：观察检查。

11.8.7 屋面出入口的泛水高度不应小于 250 mm。

检验方法：观察和尺量检查。

11.9 反梁过水孔

11.9.1 反梁过水孔细部构造如图 11.9.1，并应符合下列规定：

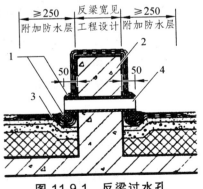

图 11.9.1 反梁过水孔
1—密封膏封严；2—层面反梁；3—附加防水层；4—预留钢管

1 根据排水坡度要求留设反梁过水孔，孔底标高应符合设计要求；

2 反梁过水孔的孔洞高×宽不应小于 150 mm×250 mm，留置的过水孔采用预埋管道时其管径不得小于 75 mm；

3 过水孔可采用防水涂料、密封材料防水；孔洞四周应用防水涂料进行防水处理；

4 预埋管道两端周围与混凝土接触处应留凹槽，并用密封材料封严；

5 预埋钢管的坡度、数量应按设计要求；设计无具体要求时，自行留置预埋钢管的坡度、数量应满足排水要求。

Ⅰ 主控项目

11.9.2 反梁过水孔的防水构造应符合设计要求。

检验方法：观察检查。

11.9.3 反梁过水孔处不得有渗漏和积水现象。

检验方法：雨后观察或淋水试验

Ⅱ 一般项目

11.9.4 反梁过水孔的孔底标高、孔洞尺寸或预埋管管径，均应符合设计要求。

检验方法：尺量检查。

11.9.5 反梁过水孔的孔洞四周应涂刷防水涂料；预埋管道两端周围与混凝土接触处应留凹槽，并应用密封材料封严。

检验方法：观察检查。

11.10 设施基座

11.10.1 设施基座细部构造如图 11.10.1，并应符合下列规定：

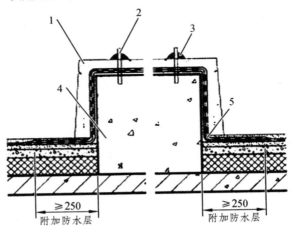

图 11.10.1 设施基座

1—35 mm 厚细石混凝土面层；2—地脚螺栓；3—密封膏封严；
4—C20 混凝土；5—附加防水层

1 设施基座与结构层相连时，防水层应包裹设施基座的上部，并应在地脚螺栓周围作密封处理。

2 在防水层上放置设施时，防水层下应增设卷材附加层，必要时应在其上浇筑细石混凝土，其厚度不应小于 50 mm。

Ⅰ 主控项目

11.10.2 设施基座的防水构造应符合设计要求。

检验方法：观察检查。

11.10.3 设施基座处不得有渗漏和积水现象。

检验方法：雨后观察或淋水试验。

Ⅱ 一般项目

11.10.4 设施基座与结构层相连时，防水层应包裹设施基座的上部，并应在地脚螺栓周围做密封处理。

检验方法：观察检查。

11.10.5 设施基座直接放置在防水层上时，设施基座下部应增设附加层，必要时应在其上浇筑细石混凝土，其厚度不应小于 50 mm。

检验方法：观察检查。

11.10.6 需经常维护的设施基座周围和屋面出入口至设施之间的人行道，应铺设块体材料或细石混凝土保护层。

检验方法：观察检查。

11.11 屋 脊

11.11.1 烧结瓦、混凝土瓦屋面屋脊细部构造如图 11.11.1-1，沥青瓦屋面屋脊细部构造如图 11.11.1-2，并应符合下列规定：

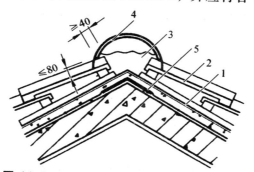

图 11.11.1-1 烧结瓦、混凝土瓦屋面屋脊

1—防水层或防水垫层；2—烧结瓦或混凝土瓦；3—聚合物水泥砂浆；
4—脊瓦；5—附加层

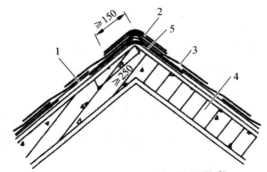

图 11.11.1-2 沥青瓦屋面屋脊
1—防水层或防水垫层；2—脊瓦；3—沥青瓦；
4—结构层；5—附加层

1 烧结瓦、混凝土瓦屋面的屋脊处应增设宽度不小于 250 mm 的卷材附加层。脊瓦下端距坡面瓦的高度不宜大于 80 mm，脊瓦在两坡面瓦上的搭盖宽度，每边不应小于 40 mm；脊瓦与坡瓦面之间的缝隙应采用聚合物水泥砂浆填实抹平。

2 沥青瓦屋面的屋脊处应增设宽度不小于 250 mm 的卷材附加层；脊瓦在两坡面瓦上的搭盖宽度，每边不应小于 150 mm。

11.11.2 金属板屋面屋脊细部构造如图 11.11.2，并应符合下列规定：

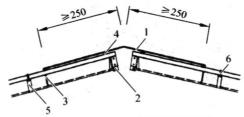

图 11.11.2 金属板材屋面屋脊
1—屋脊盖板；2—堵头板；3—挡水板；4—密封材料；
5—固定支架；6—固定螺栓

1 金属板屋面的屋脊盖板在两坡面金属板上的搭盖宽度，每边不应小于 250 mm；

2 金属板端头设置应挡水板和堵头板。

Ⅰ 主控项目

11.11.3 屋脊的防水构造应符合设计要求。

检验方法：观察检查。

11.11.4 屋脊处不得有渗漏现象。

检验方法：雨后观察或淋水试验。

Ⅱ 一般项目

11.11.5 平脊和斜脊铺设应顺直，应无起伏现象。

检验方法：观察检查。

11.11.6 脊瓦应搭盖正确，间距应均匀，封固应严密。

检验方法：观察和手扳检查。

11.12 屋顶窗

11.12.1 烧结瓦、混凝土瓦屋面屋顶窗细部构造如图 11.12.1，并应符合下列规定：

1 烧结瓦、混凝土瓦屋面与屋顶窗交接处，应采用金属排水板、窗框固定铁脚、窗口附加防水卷材、挂瓦条等与结构层连接；

2 金属排水板平行于屋面的长度为 100 mm ~ 150 mm。

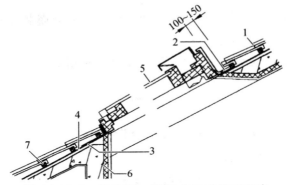

图 11.12.1 烧结瓦、混凝土瓦屋面屋顶窗

1—烧结瓦或混凝土瓦；2—金属排水板；3—窗口附加防水卷材；
4—防水层或防水垫层；5—屋顶窗；6—保温层；7—挂瓦条

11.12.2 沥青瓦屋面屋顶窗细部构造如图 11.12.2，并应符合下列规定：

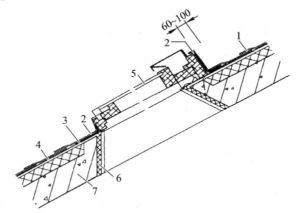

图 11.12.2 沥青瓦屋面屋顶窗

1—沥青瓦；2—金属排水板；3—窗口附加防水卷材；
4—防水层或防水垫层；5—屋顶窗；
6—保温层；7—结构层

140

1 沥青瓦屋面与屋顶窗交接处，应采用金属排水板、窗框固定铁脚、窗口附加防水卷材等与结构层连接；

2 金属排水板平行于屋面的长度为 60 mm ~ 100 mm。

Ⅰ 主控项目

11.12.3 屋顶窗的防水构造应符合设计要求。

检验方法：观察检查。

11.12.4 屋顶窗及其周围不得有渗漏现象。

检验方法：雨后观察或淋水试验。

Ⅱ 一般项目

11.12.5 屋顶窗用金属排水板、窗框固定铁脚应与屋面连接牢固。

检验方法：观察检查。

11.12.6 屋顶窗用窗口防水卷材应铺贴平整，粘结应牢固。

检验方法：观察检查。

12 屋面工程季节性施工

12.1 一般规定

12.1.1 本章适用于屋面工程季节性施工。

12.1.2 当室外日平均气温连续 5 d 稳定低于 5 ℃ 时或当日气温低于 0 ℃ 时，屋面工程应采取冬期施工措施；在高温季节施工，应采取必要的防护措施；雨期施工时，应采取防雨、防雷、防风、防潮、防洪等措施并加强排水手段。

12.1.3 收集当地气象资料，并根据历年气象资料、施工期的气象预报及当地施工经验预计季节性施工的起始时间。

12.1.4 屋面工程季节性施工应制定专项施工方案。

12.1.5 屋面各层的施工必须按照本规程的规定，在合适的环境气象条件下进行。

12.2 冬期施工

12.2.1 屋面工程的冬季施工，应选择无风晴朗天气进行，充分利用日照条件提高面层温度。在迎风面宜设置活动的挡风装置。

12.2.2 屋面各层施工前，应将基层上面的积雪、冰霜和杂物清扫干净。所用材料不得含有冰雪冻块。

12.2.3 采用水泥砂浆或细石混凝土做找平层、找坡层、保护层时，应符合下列规定：

    1 应依据气温和养护温度要求掺入防冻剂，掺量通过试验确定；

2 采用氯化钠作为防冻剂时，宜选用普通硅酸盐水泥或矿渣硅酸盐水泥，严禁使用高铝水泥。施工温度应不低于 −7 ℃。氯化钠掺量可按表 12.2.3 采用。

表 12.2.3　氯化钠掺量(占水泥重量百分比，%)

部　位	施工时室外气温/℃		
	0 ~ −2	−3 ~ −5	−6 ~ −7
用于平面部位	2	4	6
用于檐口、天沟等部位	3	5	7

12.2.4　采用水泥砂浆粘贴板状保温材料以及处理板间缝隙，可采用掺有防冻剂的保温砂浆。

12.3　雨期施工

12.3.1　雨期施工，应提前准备充足的棚布或塑料布，便于在找坡层、保温层、找平层施工中途和防水层施工之前，下雨时及时地对屋面进行遮盖，减少雨水对基层的冲刷和浇灌。

12.3.2　施工时应严格控制基层的坡度和表面平整度,安装好雨水口，确保下雨后，雨水自然迅速的排走，不会积存在基层表面。

12.3.3　不宜在环境温度超过 35 ℃ 时，进行屋面工程的施工。

12.4　高温季节施工

12.4.1　不宜在环境温度超过 35 ℃ 时，进行屋面工程的施工。

12.4.2　细石混凝土及砂浆层施工前，基层表面应洒水湿润；细石混凝土及砂浆的用水量宜适当增加；细石混凝土及砂浆层完成后，应及时覆盖、养护。

13 屋面工程安全与绿色施工

13.1 屋面工程安全施工要求

13.1.1 安全、环保责任制度以及安全交底、安全教育、安全检查等各项管理制度应已落实。

13.1.2 操作环境、道路、机具、安全设施和防护用品，必须经检查符合要求后方可施工。

13.1.3 现场施工用电应严格按照现行国家标准《建设工程施工现场供用电安全规范》GB 50194 和行业标准《施工现场临时用电安全技术规范》JGJ 46 执行。施工机具应严格按照现行行业标准《建筑机械使用安全技术规程》JGJ 33 和《施工现场机械设备检查技术规程》JGJ 160 执行。

13.1.4 作业面及操作面上必须设置安全防护设施。

13.1.5 操作人员应穿软底鞋，长衣、长裤，裤脚、袖口应扎紧，并应戴手套及护脚。外露皮肤应涂擦防护膏。涂刷有害身体的基层处理剂和胶粘剂时，须戴防毒口罩和防护用品，并按规定使用其他劳动防护用品。有毒有害作业场所应在醒目位置设置安全警示标识。

13.1.6 屋面工程的防火安全应符合下列要求：

　　1 可燃类防水、保温材料进场后，应远离火源，露天堆放时，应采用不燃材料完全覆盖；

　　2 防火隔离带施工应与保温材料施工同步进行；

　　3 不得直接在可燃类防水、保温材料上进行热熔或热粘法施工；

4 喷涂硬泡聚氨酯作业时，应避开高温环境，施工工艺、工具及服装等应采取防静电措施；

5 施工作业区应配备消防灭火器材；

6 火源、热源等火灾危险源应加强管理；

7 屋面上需要进行焊接、钻孔等施工作业时，周围环境应采取防火安全措施。

13.1.7 屋面工程施工必须符合下列安全要求：

1 严禁在雨天、雪天和 5 级风及其以上时施工；

2 屋面周边和预留孔洞部位，应按照临边作业和洞口作业要求，根据具体情况采取设防护栏杆、加盖件、张挂安全网等措施；

3 屋面坡度大于 3%时，应采取防滑措施，在坡屋面的屋脊处，应设置安全母绳；

4 施工人员应穿防滑鞋，特殊情况下无可靠安全措施时，操作人员必须系好安全带并扣好保险钩；

5 在纤维保温材料运输及施工时，操作人员必须着防护服，严禁徒手作业。

13.1.8 冬期施工时，应符合下列安全要求：

1 应清除操作面上的积雪和冰霜；

2 现场工人应加强劳动防护；

3 现场应采取切实有效防冻措施。

13.1.9 雨期施工时，应符合下列安全要求：

1 现场应做好防雨、防洪、防雷、排水工作；

2 对各操作面上露天作业人员，应备好足够的防雨、防滑防护用品；

3 应定期检查电气设备的防漏电措施。

13.2 屋面工程绿色施工要求

13.2.1 基层表面清理易产生噪音、扬尘和废弃物，应采取措施以符合大气污染防治和施工噪声排放的要求。

13.2.2 施工现场砂浆搅拌场所应有降尘措施。在砂浆搅拌、运输及使用过程中，遗漏的砂浆应及时回收和处理。

13.2.3 对材料的储存场储存条件、安全距离、堆放高度、堆放情况，防火、防潮条件，禁火标识等每月检查一次，发现异常情况时，采取针对措施纠正。

13.2.4 松散保温材料等易飞扬的细颗粒建筑材料应装袋存放及运输；各类涂料和其他有毒有害物质不得与其他材料混放，应放在通风良好的仓库内。

13.2.5 施工中产生的粘接剂、基层处理剂、稀释剂等易燃、易爆化工制品的废弃物以及防水卷材的边角余料应及时收集送至指定储存器内，防止飘落与散失，严禁未经处理随意丢弃和排放。

13.2.6 施工中产生挥发刺激性气体时，施工人员应站在上风口施工，有过敏性体质人员不宜参加施工。

13.2.7 车辆运输不得超载、洒落，施工现场出入口处应采取保证车辆清洁的措施。

13.2.8 生产污水和生活废水应处理后分类排放。

13.2.9 施工现场场界噪声排放应符合现行国家标准《建筑施工场界环境噪声排放标准》GB 12523 的规定。施工现场应对场界噪声排放进行监测、记录和控制，并采取降低噪声的措施。施工现场宜选用低噪声、低振动的设备，强噪声设备宜设置在远离居民区的一侧，并应采用隔声、吸声材料搭设防护棚或屏障。

附录 A 屋面工程质量控制资料核查项目

表 A 屋面工程质量控制资料核查项目

项次	资 料 名 称	施 工 工 艺				
		基层与保护工程	保温与隔热工程	防水与密封工程	瓦面与板面工程	细部构造
1	图纸会审、设计变更、洽商记录	√	√	√	√	√
2	水泥出厂合格证	√	√			
3	水泥复验报告	√	√			
4	钢材出厂合格证	√	√			
5	钢材复验报告	√	√			
6	砂复验报告	√	√			
7	石复验报告	√	√			
8	砂浆配合比报告	√	√			
9	砂浆抗压强度检测报告	√	√			
10	混凝土配合比报告	√	√			
11	混凝土抗压强度检测报告	√	√			
12	砖出厂合格证		√			
13	砖复验报告		√			
14	保温材料出厂合格证		√			
15	保温材料复验报告		√			
16	防水材料出厂合格证			√		√

项次	资料名称	施工工艺				
		基层与保护工程	保温与隔热工程	防水与密封工程	瓦面与板面工程	细部构造
17	防水材料复验报告			√		√
18	密封材料出厂合格证			√	√	√
19	密封材料复验报告			√	√	√
20	瓦出厂合格证				√	
21	金属板出厂合格证				√	√
22	玻璃出厂合格证				√	
23	检验批质量验收记录	√	√	√	√	√
24	分项工程质量验收记录	√	√	√	√	√
25	隐蔽验收记录	√	√	√	√	√
26	屋面淋水试验记录			√	√	√

附录 B 屋面工程材料进场检验项目

B.0.1 屋面保温材料进场检验项目应符合表 B.0.1 的规定。

表 B.0.1 屋面保温材料进场检验项目

序号	材料名称	组批及抽样	外观质量检验	物理性能检验
1	模塑聚苯乙烯泡沫塑料	同规格按 100 m³ 为一批，不足 100 m³ 的按一批计。在每批产品中随机抽取 20 块进行规格尺寸和外观质量检验。从规格尺寸和外观质量检验合格的产品，随机取样进行物理性能检验	色泽均匀，阻燃型应掺有颜色的颗粒；表面平整，无明显收缩变形和膨胀变形；熔结良好；无明显油渍和杂质	表观密度、压缩强度、导热系统、燃烧性能
2	挤塑聚苯乙烯泡沫塑料	同类型、同规格按 50 m³ 为一批，不足 50 m³ 的按一批计。在每批产品中随机抽取 10 块进行规格尺寸和外观质量检验。从规格尺寸和外观质量检验合格的产品，随机取样进行物理性能检验	表面平整，无夹杂物，颜色均匀；无明显起泡、裂口、变形	压缩强度、导热系数、燃烧性能

序号	材料名称	组批及抽样	外观质量检验	物理性能检验
3	硬质聚氨酯泡沫塑料	同原料、同配方、同工艺条件按 50 m³ 为一批,不足 50 m³ 的按一批计。 在每批产品中随机抽取 10 块进行规格尺寸和外观质量检验。从规格尺寸和外观质量检验合格的产品,随机取样进行物理性能检验	表面平整,无严重凹凸不平	表观密度、压缩强度、导热系数、燃烧性能
4	泡沫玻璃绝热制品	同品种、同规格按 250 件为一批,不足 250 件的按一批计。 在每批产品中随机抽取 6 个包装箱,每箱各抽 1 块进行规格尺寸和外观质量检验。从规格尺寸和外观质量检验合格的产品,随机取样进行物理性能检验	垂直度、最大弯曲率、缺棱、缺角、孔洞、裂纹	表观密度、抗压强度、导热系数、燃烧性能
5	膨胀珍珠岩制品(憎水性)	同品种、同规格按 2 000 块为一批,不足 2 000 块的按一批计。 在每批产品中随机抽取 10 块进行规格尺寸和外观质量检验。从规格尺寸和外观质量检验合格的产品,随机取样进行物理性能检验	弯曲率、缺棱、掉角、裂纹	表观密度、抗压强度、导热系数、燃烧性能

序号	材料名称	组批及抽样	外观质量检验	物理性能检验
6	加气混凝土砌块	同品种、同规格、同等级按 200 m³ 为一批，不足 200 m³ 的按一批计。 在每批产品中随机抽取 50 块进行规格尺寸和外观质量检验。从规格尺寸和外观质量检验合格的产品，随机取样进行物理性能检验	缺棱掉角；裂纹、爆裂、粘膜和损坏深度；表面疏松、层裂、表面油污	干密度、抗压强度、导热系数、燃烧性能
7	泡沫混凝土砌块		缺棱掉角；平面弯曲；裂纹、粘膜和损坏深度、表面疏松、层裂；表面油污	干密度、抗压强度、导热系数、燃烧性能
8	玻璃棉、岩棉、矿渣棉制品	同原料、同工艺、同品种、同规格 1 000 m³ 为一批，不足 1 000 m³ 的按一批计。 在每批产品中随机抽取 6 个包装箱或卷进行规格和外观质量检验。从规格尺寸和外观质量检验合格的产品中，抽取 1 个包装箱或卷进行物理性能检验	表面平整，伤痕、污迹、破损，覆层与基材粘贴	表观密度、导热系数、燃烧性能
9	金属面绝热夹芯板	同原料、同生产工艺、同存度按 150 块为一批，不足 150 块的按一批计。 在每批产品中随机抽取 5 块进行规格尺寸和外观质量检验。从规格尺寸和外观质量检验合格的产品，随机取样进行物理性能检验	表面平整，无明显凹凸、翘曲、变形；切口平直、切面整齐，无剥落	剥离性能、抗弯承载力、防火性能

B.0.2 屋面防水材料进场检验项目应符合表 B.0.2 的规定。

表 B.0.2　屋面防水材料进场检验项目

序号	防水材料名称	现场抽样数量	外观质量检验	物理性能检验
1	高聚物改性沥青防水卷材	大于 1 000 卷抽 5 卷,每 500 卷~1 000 卷抽 4 卷,100 卷~499 卷抽 3 卷,100 卷以下抽 2 卷,进行规格尺寸和外观质量检验。在外观质量检验合格的卷材中,任取一卷作物理性能检验	表面平整,边缘整齐,无孔洞、缺边、裂口、胎基未浸透,矿物粒料料度,每卷卷材的接头	可溶物含量、拉力、最大拉力时延伸率、耐热度、低温柔度、不透水性
2	高合成高分子防水卷材		表面平整,边缘整齐,无气泡、裂纹、粘结疤痕,每卷卷材的接头	断裂拉伸强度、扯断伸长率、低温弯折性、不锈水性
3	高聚物改性沥青防水涂料	每 10 t 为一批,不足 10 t 按一批抽样	水乳型:无色差,凝胶、结块、明显沥青丝。溶剂型:黑色粘稠状,细腻、均匀胶状液体	固体含量、耐热性、低温柔性、不透水性、断裂伸长率或抗裂性
4	合成高分子防水涂料		反应固化型:均匀粘稠状、无凝胶、结块。挥发固化型:经搅拌后无结块,呈均匀状态	固体含量、拉伸强度、断裂伸长率、低温柔性、不透水性
5	聚合物水泥防水涂料		液体组分:无杂质、无凝胶的均匀乳液。固体组分:无杂质、无结块的粉末	固体含量、拉伸强度、断裂伸长率、低温柔性、不透水性

序号	防水材料名称	现场抽样数量	外观质量检验	物理性能检验
6	胎体增强材料	每 3 000 m² 为一批，不足 3 000 m² 的按一批抽样	表面平整，边缘整齐，无折痕、无孔洞、无污迹	拉力、延伸率
7	沥青基防水卷材用基层处理剂	每 5 t 产品为一批，不足 5 t 的按一批抽样	均匀液体，无结块、无凝胶	固体含量、耐热性、低温柔性、剥离强度
8	高分子胶粘剂		均匀液体，无杂质、无分散颗粒或凝胶	剥离强度、浸水 168 h 后的剥离强度保持率
9	改性沥青胶粘剂		均匀液体，无结块、无凝胶	剥离强度
10	合成橡胶胶粘带	每 1 000 m 为一批，不足 1 000 m 的按一批抽样	表面平整，无固块、杂物、孔洞、外伤及色差	剥离强度、浸水 168 h 后的剥离强度保持率
11	改性石油沥青密封材料	每 1 t 产品为一批，不足 1 t 的按一批抽样	黑色均匀膏状，无结块和未浸透的填料	耐热性、低温柔性、拉伸粘结性、施工度
12	合成高分子密封材料		均匀膏状物或粘稠液体，无结皮、凝胶或不易分散的固体团状	拉伸模量、断裂伸长率、定伸粘结性

序号	防水材料名称	现场抽样数量	外观质量检验	物理性能检验
13	烧结瓦、混凝土瓦	同一批至少抽一次	边缘整齐，表面光滑，不得有分层、裂纹、露砂	抗渗性、抗冻性、吸水率
14	玻纤胎沥青瓦		边缘整齐，切槽清晰，厚薄均匀，表面无孔洞、硌伤、裂纹、皱褶及起泡	可溶物含量、拉力、耐热度、柔度、不透水性、叠层剥离强度
15	彩色涂层钢板及钢带	同牌号、同规格、同镀层重量、同涂层厚度、同涂料种类和颜色为一批	钢板表面不应有气泡、缩孔、漏涂等缺陷	屈服强度、抗拉强度、断后伸长率、镀层重量、涂层厚度

本标准用词说明

1 为了便于在执行本规程条文时区别对待，对要求严格程度不同的用词说明如下：

1）表示很严格，非这样做不可的：

正面词采用"必须"，反面词采用"严禁"。

2）表示严格，在正常情况下均应这样做的：

正面词采用"应"，反面词采用"不应"或"不得"。

3）表示允许稍有选择，在条件允许时首先这样做的：

正面词采用"宜"，反面词采用"不宜"。

4）表示有选择，在一定条件下可以这样做的，采用"可"

2 条文中指明应按其他有关标准执行的写法为："应符合……的规定"或"应按……执行"

引用标准名录

1 《钢结构工程施工质量验收规范》GB 50205
2 《木结构工程施工质量验收规范》GB 50206
3 《屋面工程质量验收规范》GB 50207
4 《建筑地面工程施工质量验收规范》GB 50209
5 《建筑工程施工质量验收统一标准》GB 50300
6 《屋面工程技术规范》GB 50345
7 《建筑节能工程施工质量验收规范》GB 50411
8 《施工现场临时用电安全技术规范》JGJ 46
9 《建筑施工安全检查标准》JGJ 59
10 《建筑玻璃采光顶》JG/T 231